Das Leuchten der Organismen I[1].

Eine Übersicht über die neuere Literatur.

Von

Andre Pratje, Halle a. S.

Mit 17 Abbildungen.

[1]) Erscheint auch als Sonderausgabe.

ISBN 978-3-642-90263-5 ISBN 978-3-642-92120-9 (eBook)
DOI 10.1007/978-3-642-92120-9

Inhaltsverzeichnis.

Vorbemerkung.

Jene eigenartige Energie-Produktion, die Lichterzeugung der Organismen hat von jeher ein besonderes Interesse erweckt, nicht nur bei Laien und Reisenden, sondern in besonderem Masse auch bei Forschern, so dass eine fast unübersehbare Menge von Literatur über das Leuchten der Tiere und Pflanzen erschienen ist. Nachdem seit der gründlichen und umfassenden, zusammenfassenden Bearbeitung dieses Themas durch Mangold (280) im 3. Band, 2. Hälfte des Wintersteinschen Handbuches der vergleichenden Physiologie nunmehr 12 Jahre verstrichen sind, in denen zahlreiche und wichtige Arbeiten über die Lichtproduktion der Organismen veröffentlicht wurden, erschien es wünschenswert, diese neuere, ziemlich umfangreiche und weit zerstreute Literatur zusammenfassend darzustellen. Sämtliche in der Mangoldschen Darstellung erwähnten oder zitierten Arbeiten sind in dem vorliegenden Sammelreferat nicht berücksichtigt, sondern nur die seit 1910 erschienenen Aufsätze, ferner die Abhandlungen aus den Jahren 1900—1910, die Mangold nicht benutzt hatte. Weiter als bis zum Jahre 1900 bin ich im allgemeinen nicht zurückgegangen. Soweit gelegentlich bereits im Mangoldschen Literaturverzeichnis enthaltene Arbeiten kurz zitiert werden mussten, geschah dies durch Anführung der betreffenden Nummer des Mangoldschen Verzeichnisses unter Hinzufügung eines „M.“, also z. B.: (M. 267).

In das vorliegende Literaturverzeichnis sind sämtliche mir bekannt gewordenen, in jenen Jahren erschienenen Aufsätze oder Bücher aufgenommen, soweit sie das Leuchten der Organismen behandeln oder gelegentlich erwähnen, d. h. nicht nur Originalarbeiten, sondern auch allgemeine Darstellungen der diesbezüglichen Fragen. In dem textlichen Teil dagegen habe ich nur solche Arbeiten berücksichtigt, welche neue Beobachtungen, Untersuchungen und Ergebnisse enthalten. Um den nur an einzelnen Kapiteln interessierten Lesern die Übersicht und das Zusammensuchen der hierhergehörigen Literatur zu erleichtern, habe ich am Kopf jedes Kapitels die betreffenden Literaturnummern zusammengestellt, welche etwas über das Leuchten der betreffenden Tier- bzw. Pflanzengruppe enthalten.

Die Beschaffung der Literatur, namentlich der ausländischen Arbeiten der Kriegsjahre machte naturgemäss ausserordentliche Schwierigkeiten. Trotzdem hoffe ich, dass die vorliegende Literaturzusammenstellung ziemlich vollständig geworden ist und dass keine wesentlichen Arbeiten unberücksichtigt geblieben sind. Fast immer standen mir die Originalarbeiten zur Verfügung, nur in vereinzelten Fällen musste ich mich mit Referaten oder der reinen Literaturangabe der betreffenden Arbeit begnügen. Nach der Anlage des Literaturverzeichnisses wird man durch gleichzeitige Benutzung des Mangoldschen und des vorliegenden Literaturverzeichnisses eine fast vollständige

Zusammenstellung der Literatur über das Leuchten der Organismen erhalten, wenigstens für die Jahre 1900—1921.

Die teilweise recht schwierige Arbeit der Beschaffung der Literatur wäre sicher fast unmöglich gewesen, wenn ich hierin nicht durch eine Reihe, namentlich ausländischer Fachgenossen unterstützt worden wäre, denen ich für die freundliche Übersendung von Sonderdrucken ihrer Arbeiten zu sehr grossem Danke verpflichtet bin. Ihnen allen möchte ich auch an dieser Stelle für ihr freundliches Entgegenkommen meinen herzlichsten Dank aussprechen. Es waren besonders die Herren S. St. Berry (Redlands), F. C. Gerretsen (Groningen), G. Grimpe (Leipzig), E. Newton Harvey (Princeton), W. N. Hess (Greencastle), Kofoid und Swezy (Berkeley), F. A. Mc Dermott (Wilmington), U. Pierantoni (Neapel), R. Vogel (Tübingen) und G. Zirpolo (Neapel).

Literaturverzeichnis.

1. Achalme (1913): Electrotonique et biologie, études sur les actions catalytiques, les actions diastasiques et certaines transformations vitales de l'énergie: biophotogénèse, électrogénèse, fonctions chlorophylliennes. Paris.
2. Acloque, A. (1905): Le ver luisant. Le Cosmos N. S. **53**. 677—679.
3. Derselbe (1907): La lumière des insectes. Ebenda **56**. 624—627.
4. Albert Prince de Monaco, (1905): Sur la campagne de la Princesse Alice. Bull. Mus. Océanogr. Monaco. Nr. 39 und Cpt. rend. acad. sciences. Paris. 22. Mai 1905. 1373—1376.
5. Alpine, D. Mc (1909): Phosphoreszierende Pilze in Australien. Proc. Linn. Soc. New South Wales. **25**. 548—562.
6. Annandale, N. (1900): Insect Luminosity. An Aquatic Lampyrid Larva. Proc. Zool. Soc. London 862—865.
7. Ascherson, P. (1901): Eine leuchtende Monokotyle? Naturwiss. Wochenschr. **17**. N. F. **1**. 106—107.
8. Aue, A. U. E.: Weitere Beobachtungen über die Leuchtfähigkeit von Arctia caja L. Entomol. Zeitschr. **32**. 69.

8a. Derselbe (1922): Besitzt der Falter von Arctia caja die Fähigkeit zu leuchten? Biol. Zentralbl. **42**. 141—142.

9. Bach, A. (1909—1913): Zur Kenntnis der Reduktionsfermente. Ber. d. Dtsch. Chem. Ges. **42**. 4463. 1909; Biochem. Zeitschr. **31**. 443. 1911; **33**. 282. 1911; **38**. 154. 1912; **52**. 412—422. 1913.
10. Bage, F. (1904): Notes on phosphorescence in plants and animals. Victorian Naturalist. **21**. 93—104.
11. Baldasseroni, V. (1906): Ricerche sull' assimilazione del' carboni fuori dell' organismo virente. Annali di Bot. **4**. 287—294. Ref. Justs bot. Jahresber. **34**. II. 579.
12. Ballner, F. (1907): Über das Verhalten von Leuchtbakterien bei der Einwirkung von Agglutinationsserum und anästhesierenden chemischen Agentien, nebst Bemerkungen über Pflanzennarkose. Zentralbl. f. Bakteriol. usw., Abt. II. **19**. 572—576.
13. Balss, H. (1910): Japanische Pennatuliden. F. Doflein, Beitr. z. Naturgesch. Ostasiens. Abhandl. math.-phys. Klasse. Bayr. Akad. d. Wiss. 1. Suppl.-Bd. **10**. Abh. 106. S.
14. Bancroft, W. D. (1913): The Chemical Production of Light. Journ. Frankl. Inst. **175**. 129.
15. Derselbe und H. B. Weiser (1914—1915): Flame Reactions I—IV. Journ. Phys. Chem. **18**. 213, 281, 762; **19**. 310.

16. Barber, H. S. (1905): Note on Phengodes in Vincinity of Washington D. C. Proc. Entom. Soc. Washington **7**. 196—197.
17. Derselbe: Ebenda **9**. 41—43.
18. Derselbe: On Interspecific Mating in Phengodes and Inbreeding in Eros. Ebenda **16**. 32—34.
19. Barnard, J. E. (1900): Photogenic bacteria. Trans. of the Jenner Instit. of Prevent. Med. 1900. 2. ser. **81**.
20. Derselbe und A. Macfadyen (1903): On luminous Bacteria. Rep. 72. Meet. British Assoc. Advanc. Sc. Belfast. 1902. 801.
21. Derselbe (1911): Luminous Bacteria. Knowledge. **34**. 190—192.
22. Beijerinck, M. W. (1904): Phénomènes de réduction produits par les microbes. Arch. Neerl. science exp. et natur. Ser. 2. **9**. 131—157.
23. Derselbe (1912): Mutation bei Mikroben. Folia Microbiologica. **1**. 4—100.
24. Derselbe (1915): Die Leuchtbakterien der Nordsee im August und September. Ebenda **4**. 15—40.
25. Benecke, W. (1912): Bau und Leben der Bakterien. 408—413: Leuchtbakterien. Leipzig und Berlin.
26. Berlese, A. (1907—1908): Gli Insetti, loro organizzazione, sviluppo, abitudini e rapporti coll' uomo. **1**.
27. Berry, S. St. (1913): Nematolampas, a Remarkable New Cephalopod from the South Pacific. Biolog. Bull. **25**. 208—212.
28. Derselbe (1913): Theutological Miscellany Nr. 1. Zool. Anz. **42**. 590—592.
29. Derselbe (1920): Lightproduction in Cephalopods. I. u. II. An introductory survey. Biolog. Bull. Marine biol. Lab. Woods-Hole. **38**. 141—169, 171—195.
30. Blair, K. G. (1915): Luminous Insects. Nature. London **96**. 411—415 und Proc. S. London entom. nat. Hist. Soc. 1914—1915. 31—45.
31. Blanchetière (1913): Oxydation et luminescence. C. R. Acad. Sc. Paris **157**. 118—121.
32. Böhm, J. (1919): Zum Kapitel: Leuchtende Tiere. Tierärztl. Rundschau **25**. 294.
33. v. Bonsart, H. (1916): Das Problem des Leuchtkäfers. Entom. Rundschau **33**. 35—37, 41—43.
34. Bordas, L. (1906): Les végétaux lumineux et la lampe vivante. Le Naturaliste. 2. Ser. **20**. 72—73. Ref. Just. bot. Jahresber. **34**. III. 863.
34a. Born, E. (1907): Beiträge zur feineren Anatomie der Phyllirrhoë bucephala. (Vorl. Mitt.) Sitzungsber. Ges. naturf. Freunde Berlin. 1907. 94—117 u. 350—357.
35. Derselbe, (1910): Beiträge zur feineren Anatomie der Phyllirhoë bucephala. Zeitschr. f. wiss. Zool. **97**. 105—107.
36. Boulenger, C. L. (1913): The Luminous Organs of Lamprotoxus flagellibarba. Fisheries Ireland scient. Invest. 1912. Nr. 2. 2 S.
37. Brammer, J. C. (1910): The luminosity of Termites. Science 1910.
38. Bredt, J. (1903): Über das Leuchten der Pflanzen und Tiere. Sammlg. gemeinnütz. Vortr. Nr. 297. 67—78. Prag.
39. Brockhausen, H. (1903): Über leuchtende Skolopender. 31. Jahresber. westfäl. Prov. Ver. S. 163—164.
40. Bruck, E. (1921): Experimentelle Untersuchungen an den Schwärmern von Chromulina Rosanoffii (Bütschli). Philos. Inaug.-Diss. Breslau 50 S.
41. Bruini, G. (1906): I batteri fosforescenti. Riv. d'igiene e sanita pubbl. **17**. 297—321.
42. Buchholtz, F. (1905): Neuere Untersuchungen des Leuchtvermögens pflanzlicher Organismen. Korrespondenzbl. d. Naturf.-Ver. Riga **48**. 46—47.
43. Buchner, P. (1914): Sind Leuchtorgane Pilzorgane? Zool. Anz. **45**. 17—21.
44. Derselbe (1919/1920): Neue Beobachtungen an intrazellularen Symbionten. Sitzungsber. d. Ges. f. Morphol. u. Physiol., München. **31**. 54—65.
45. Derselbe (1921): Tier und Pflanze in intrazellularer Symbiose. Darin: 340—400: Die Leuchtsymbiose. Berlin.
46. Derselbe (1922): Über das „tierische" Leuchten. Die Naturwissensch. **10**. 1—7 u. 30—34.

47. Buder, J. (1916): Die Goldglanzalge. Naturwiss. Wochenschr. N. F. **15**. 94—95.
48. Bugnion, E. (1919): Le ver luisant provençal (Phausis Delarouzeei Duval). Cpt. rend. soc. biol. Paris. **82**. 994—999.
49. Derselbe (1921): Les organes lumineux du ver-luisant provençal (Phausis Delarouzeei Duval). Festschr. z. 60. Geburtstag v. F. Zschokke. Basel.
50. Bujor (1901): Sur l'organisation de la Vérétille. Arch. Zool. exp. gén. Notes et Revue Nr. 4. 3. Ser. **9**.
51. Burgerstein, A. (1905): Leuchtende Pilze. Wien. illustr. Gartenztg. **30**. 269—275.
52. Burghause, F. (1914): Kreislauf und Herzschlag bei Pyrosoma giganteum, nebst Bemerkungen zum Leuchtvermögen. Zeitschr. wiss. Zool. **108**. 430—497.
53. Bütschli, O. (1921): Vorlesungen über vergleichende Anatomie. **1**. Lfg. 3: Sinnesorgane und Leuchtorgane. 6. Kap.: Leuchtorgane. 900—931. Berlin.
54. Calwer (1916): Käferbuch. Einführung in die Kenntnis der Käfer Europas. 6. Aufl., herausgeg. von Schaufuss. **1**. 22, 357—362, 624. Stuttgart.
55. Caullery, M. (1921): La symbiose chez les animaux. Bull. de l'inst. Pasteur **19**. 569—583 u. 613—627. Ref. Ber. ges. Physiol. **10**. 468.
56. Chandler, B. (1908): Luminosity in plants. Transact. and Proc. Soc. Bot. Edinburgh. **23**. 333—338.
57. Chodat, R. und de Coulon (1916): La luminescence de deux bacteries. Arch. science phys. et natur. Génève. **41**. 237—239.
58. Chun, C. (1910 u. 1914): Die Cephalopoden. Wiss. Ergebn. d. Dtsch. Tiefsee-Expedition (Valdivia). **18**. I u. II. Jena.
59. Derselbe (1913): Cephalopoda. Report Scientific Results „Michael Sars" North Deep Sea Expedition, 1910. **3**. T. 1. Zool. 1—28.
60. Clautriau, G. (1908): Sur les Bactéries lumineuses. Recueil de l'Instit. bot. Univ. Bruxelles publ. p. Errera. **3**. 197—200. Ref. Just bot. Jahresber. **37**. II. 702 und Zentralbl. f. Bakteriol. usw., Abt. II. **26**. 81.
61. Clos (1904): Un cas d'assez longue phosphorescence émise par l'aubier d'un gros merisier. Cpt. rend. acad. sciences. Paris **139**. 663.
62. Coblentz, W. W. (1909): Notiz über eine von der Feuerfliege herrührende fluoreszierende Substanz. Physik. Zeitschr. **10**. 955—956.
63. Derselbe (1909/10): The Light of the Fire-Fly. Electr. World. **54**. 1184—1185; **56**. 1012 bis 1013.
64. Derselbe (1911): The Colour of the Light emitted by Lampyridae. Canad. Entom. **43**. 355—360.
65. Derselbe (1912): A Physical Study of the Fire-Fly. Carnegie Institut. Washington. Publ. Nr. 164.
66. Derselbe und W. B. Emerson (1917): Relative sensibility of the everage Eye to Light of Differant Colors and Some Practical Applications to Radiation Problems. Bur. Standars Scient. Pap. Nr. 303.
67. de Coulon, A. (1916): Etude de la luminescence du Pseudomonas luminescens. Thèse de Neuchatel. 95 S. Ref. Zentralbl. f. Physiol. **34**. 303.
68. Coupin, H. (1915): Projecteurs vivants. La Nature. **43**. 2. Hälfte. 135—138.
69. Coutière, H. (1906): Notes sur la synonymie et le développement de quelques Haplophoridae. Bull. Mus. Océanogr. Monaco. Nr. 70. 1—20.
70. Czapek, F. (1909): Zur Kenntnis des Phytoplanktons im Indischen Ozean. Sitzungsber. d. Akad. d. Wiss., math.-nat. Kl., Abt. I. **118**. 231—239.
71. Czepa, A. (1912): Organismenleuchten und Zweckmässigkeit. Naturwiss. Wochenschr. **27**. N. F. **11**. 609—613.
72. Derselbe (1912): Das Johanniskäferlicht und das Organismenleuchten überhaupt. Monatshefte naturw. Unterr. **5**. 257—263.
73. Dahlgren, U. (1908): The Luminous Organ of a New Species of Anomalops (Amer. Soc. Zool.). Science. N. S. **27**. 454—455.
74. Derselbe (1915): The Production of Light by Animals. Bacteria. Journ. Franklin Instit. **180**. 513—537.

75. Derselbe (1915): Dasselbe. Protozoa. Ebenda **180.** 711–727.
76. Derselbe (1916): Dasselbe. Luminous Plants. Ebenda **181.** 109–125.
77. Derselbe (1916): Dasselbe. Porifera and Coelenterata. Ebenda **181.** 243–261.
78. Derselbe (1916): Dasselbe. Luminosity in the Echinoderms. Ebenda **181.** 377–386.
79. Derselbe (1916): Dasselbe. Light Production among the Lower Molluska. Ebenda **181.** 386–400.
80. Derselbe (1916): Dasselbe. Light Production in Cephalopods. Ebenda **181.** 525–556.
81. Derselbe (1916): Dasselbe. Light Production as seen in Worms. Ebenda **181.** 659–696.
82. Derselbe (1916): Dasselbe. The Luminous Crustaceans. Ebenda **181.** 805–843.
83. Derselbe (1917): Dasselbe. The Luminous Insects. Ebenda **183.** 79–94.
84. Derselbe (1917): Dasselbe. Light Production by the Elaterid Beetles. Ebenda **183.** 211–220.
85. Derselbe (1917): Dasselbe. The Fire-Flyes or Lampyridae. Ebenda **183.** 323–348.
86. Derselbe (1917): Dasselbe. Histogenesis and Physiology of the Light-tissues in Lampyrids. Ebenda **183.** 593–619.
87. Derselbe (1917): Bryozoa. Enteropneusta. Ebenda **183.** 619–624.
88. Damm, O. (1913): Die Bakterienlampe. Prometheus. **25.** 197–199.
89. Deegener, P. (1913): Zirkulationsorgane und Leibeshöhle. Darin: 424–429: Leuchtorgane. Handb. d. Entomol., herausgeg. v. Chr. Schröder. **1.** Jena.
90. Delephine, W. L. (1910): Sur quelques composés organiques spontanement oxydables avec phosphorescence. Cpt. rend. acad. sciences Paris **150.** 876–878.
91. Del Rosso, R. (1905): Pesche e peschiere antique e moderne nell' Etruria marittima. 1. Firenze.
92. Denise, L. (1910): Les oiseaux lumineux et le livre „de luce animalium" de Thomas Bartholin (1647). Rev. franç. Ornithol. **2.** 283–284.
93. Dobbs, M. E. (1911): „Luminous owls". Irish Natural **20.** 124–127.
94. Doflein, F. (1913): Neue Forschungen über die Biologie der Tiefsee. „Meereskunde", Sammlung volkstüml. Vortr. Heft 84. Berlin.
95. Derselbe (1914): Das Tier als Glied des Naturganzen. Bd. 2 von Hesse-Doflein, Tierbau und Tierleben. 392, 448f., 888f. Leipzig und Berlin.
96. Derselbe (1916): Lehrbuch der Protozoenkunde. 4. Aufl. 121f. Jena.
97. Döring, (1908): Über Bau und Entwicklung der weiblichen Geschlechtsorgane bei myopsiden Cephalopoden. Zeitschr. f. wiss. Zool. **91.** 112–189.
98. Dubois, R. (1901): A propos du mémoirs de M. Tschangaiew: Contribution à la physiologie des bactéries phosphorescentes. Ann. Soc. Linn. Lyon 1901.
99. Derselbe (1901): Sur la luminescence obtenue par certains procédès organiques. Cpt. rend. acad. sciences Paris **82.** 431.
100. Derselbe (1901): La photographie de l'invisible. Cpt. rend. Soc. biol. Paris **53.** 263.
101. Derselbe (1902): Sur le mecanisme intime de la fonction photogénique. Réponse à M. James Dewar. Cpt. rend. acad. sciences Paris 20. oct. 1902.
102. Derselbe (1903): Sur une lampe vivante de sûreté. Cpt. rend. acad. Paris. Juin 1903.
103. Derselbe (1903): Biophotogénèse ou production de la lumière par les êtres vivants. Traité de physique biologique de l'Arsonval, Chauveau, Gariel, Mary, Weiss. 2. 255.
104. Derselbe (1905): Réctification à propos d'un article de M. Molisch. Revue scientif. Ser. 5. **4.** 699–700.
105. Derselbe (1905): Réponse à M. Giesbrecht sur la note intitulée: La luminosité est-elle un processus vital? Cpt. rend. soc. biol. Paris **57.** 617.
106. Derselbe (1905): A propos d'une note signée Giesbrecht de Naples. Cpt. rend. soc. biol. Paris **58.** 684.
107. Derselbe (1905): Production de la lumière par les êtres vivants ou biophotogénèse. Cpt. rend. Congrès de Liège sur la radioactivité et l'ionisation.
108. Derselbe (1906): Les vacuolides. Cpt. rend. soc. biol. Paris **60.** 526.
109. Derselbe (1906): De la présence de certaines substances fluorescentes chez quelques animaux invertébrés. Ebenda **61.** 675–677.

110. Derselbe (1909): Recherches sur la pourpre et quelques pigments animaux. Arch. zool. gén. exper. 5. Ser. **2**.
111. Derselbe (1910): Sur la biophotogenèse ou production de la lumière par les êtres vivants. Congrès intern. de Physiol. Vienne.
112. Derselbe (1910/11): Dasselbe. Cpt. rend. assoc. avanc. sciences Paris. Sess. 39 (Toulouse). Notes et Mem. **2**. 194—195.
113. Derselbe (1911): Sur la fluorescence chez les insectes lumineux. Cpt. rend. acad. sciences Paris **153**. 208—210.
114. Derselbe (1911): Nouvelles recherches sur la lumière physiologique chez Pholas dactylus. Ebenda **153**. 690—692.
115. Derselbe (1912): Les vacuolides de la purpurase et la théorie vacuolidaire. Ebenda **153**. 1507.
116. Derselbe (1912): Sur les propriétés de la lumière physiologique. Ebenda **154**. 1001—1003.
117. Derselbe (1912): Sur l'existance et le rôle de la fluorescence chez les insects lumineux. Cpt. rend. assoc. franç. avanc. sciences. Sess. 40. 1911. 585—588 und Résumé 116.
118. Derselbe: Mécanisme intime de la production de la lumière physiologique: luciférine, luciferase, luciferescéine. 8. intern. Congr. of applied Chemistry **19**. New York-Washington.
119. Derselbe (1912): Mécanisme intime d'action des zymases, luciferase et purpurase. Cpt. rend. assoc. franç. avanc. sciences. Sess. 41. Proc. verb. 97.
120. Derselbe (1912): Sur la lumière physiologique. Ebenda 142.
121. Derselbe (1912): La lumière vivante en bouteille. Ebenda 142—143.
122. Derselbe (1913): Sur la nature et le développement de l'organe lumineux du Lampyre noctiluque. Cpt. rend. acad. sciences Paris. **156**. 730.
123. Derselbe (1913): Mécanisme intime de la production de la lumière chez les organismes vivants. Ann. Soc. Linn. Lyon. **60**. 81—96. Hierin ziemlich vollständiges Verzeichnis der von 1884—1913 erschienenen Arbeiten von R. Dubois über die Lichtproduktion bei Tieren und Pflanzen (69 Nummern).
124. Derselbe (1913/14): Dasselbe. Commun. 9me Congr. intern. Zool. Monaco. Cpt. rend. 151 bis 160.
125. Derselbe (1914): La lumière et la vie. Paris.
126. Derselbe (1914?): Article: Lumière. Grand Dictionaire de physiologie de Ch. Richet.
127. Derselbe (1914): „Biophotogenese" oder Produktion des Lichtes durch lebende Organismen. 9. intern. Physiol.-Kongress Groningen 1913. Zentralbl. f. Physiol. **27**. Ergänzungsh. 347—348.
128. Derselbe (1914): De la place occupée par la biophotogénèse dans la serie des phénomènes lumineux. Ann. Soc. Linn. Lyon. **61**. 247—256.
129. Derselbe (1914): Examen critique de la question de la Biophotogénèse. Ann. Soc. Linn. Lyon. **61**. 257—265.
130. Derselbe (1916): Sur l'anatomie de la glande photogène de Pholas dactylus. Ebenda. **63**, 9—13.
131. Derselbe (1916): La Biophotogénèse. Revue générale des sciences pures et appliquées. 15.—20. Sept. 511—516. Paris.
132. Derselbe (1917): A propos de quelques recherches recentes de M. Newton Harvey sur la biophotogénèse et du rôle important de la préluciferin. Cpt. rend. soc. biol. **80**. 964—966.
133. Derselbe (1917): Etude critique de quelques travaux recents relatif à la biophotogénèse. Ann. Soc. Linn. Lyon. **64**. 65—118.
134. Derselbe (1918): Sur la synthèse de la luciferine. Cpt. rend. acad. sciences Paris **166**. 578.
135. Derselbe (1918): Nouvelles recherches sur la biophotogénèse. Synthèse naturelle de la Luciférine. Cpt. rend. soc. biol. Paris **81**. 317.
136. Derselbe (1918): Sur la lumière physiologique. (Nouvelle reponse à M. Newton Harvey). Ebenda 484.
137. Derselbe (1919): Symbiontes, Vacuolides, Mitochondries et Leucites. Ebenda **82**. 473—475.
138. Derselbe (1919): Les vacuolides sont-elles des symbiotes? Ebenda 475—477.
139. Derselbe (1919): Reversibilité de la fonction photogénique par l'hydrogénase de la pholade dactyle. Ebenda 840—842.

140. Derselbe (1919): Pseudo-cellules symbiotiques anaerobies et photogènes. Ebenda 1016 bis 1019.

141. Eisenberg, P. (1914): Über Mutationen bei Bakterien und anderen Mikroorganismen. S. 95: Leuchtbakterien. Ergebn. d. Hyg., Bakteriol., Immunitäts-Forsch. u. exp. Therapie. Herausgegeben von W. Weichardt. **1**. Berlin.

142. Eliot, C. (1907—1915): Notes on a Collection of Nudibranchs from the Red Sea. Journ. Linn. Soc. London **31**. 102.

143. Elmhirst, R. (1912): Some observations on the Glowworm (Lampyris noctiluca). Zoologist. **26**. Nr. 851.

144. Emmerling, O. (1909): Hydrolyse der Meeresleuchtinfusorien der Nordsee. Biochem. Zeitschr. **18**. 372—374.

145. Enders, H. E. (1909): A study of the life history and habits of Chaetopterus variopedatus Renier and Claparède. Journ. Morphol. **20**. 479—532.

146. Engelke (1908): Das Selbstleuchten einzelner Tiere und Pflanzen. 55.—57. Jahresber. nat. Ges. Hannover. 50—52.

147. Ewart, A. J. (1907): Note on the Phosphorescence of Agaricus (Pleurotus) candescens Müll. Victorian Naturalist **13**. 174.

148. Fabre, H. (1913): The Glowworm. The First User of Anaesthetics. (Translat. by A. T. de Mattos.) The Century Magazine **87**. 105—121.

149. Farran, G. P. (1909): Pyrosoma spinosum Herdmann. Mem. Challenger Soc. (scient. und biol. Research. in the North Atlantic) Nr. 1. 220—224. London.

150. Fischer, B. (1894): Die Bakterien des Meeres. Ergebn. Plankton-Exped. **4**. Kiel und Leipzig. 83 S.

151. Foa und Chiapella (1903): „La Sperimentale". Arch. Biologica normale e patologica. **57**. 274—309.

152. Folsom (1906): Entomology, with Reference to its Biologic and Economic Aspects Philadelphia. 132 S.

153. Förster, J. (1914): Über die Leuchtorgane und das Nervensystem von Pholas dactylus. Zeitschr. wiss. Zool. **109**. 349—392.

154. Forsyth, R. W. (1910): The Spectrum of the Bacterial Luminosity. Nature. London. **83**. 7.

155. Franz, V. (1919 und 1920): Glühwürmchen in kalter Jahreszeit. Naturwiss. Wochenschr. **18**. 264 und **19**. 80.

156. Friedberger, E. und H. Doepner (1907): Über den Einfluss von Schimmelpilzen auf die Lichtintensität in Bakterienkulturen, nebst Mitteilung einer Methode zur vergleichenden photometrischen Messung der Lichtintensität von Leuchtbakterienkulturen. Zentralbl. f. Bakteriol., Parasitenk. u. Infektionskrankh., Abt. I **Orig. 43**. 1—7.

157. Friend, H. (1910): Luminous Worms in Ireland. Irish Natural. **19**. 105—107.

158. Fuhrmann, F. (1910): Leuchtbakterien (Vortrag). Mitteil. Naturw. Ver. Steiermark **46**. 441—451.

159. Derselbe (1914): Über Nahrungsstoffe der Leuchtbakterien. Verhandl. 85. Versamml. Dtsch. Naturf. u. Ärzte Wien. Teil 2. 1. Hälfte. 638—639. Leipzig.

160. Galloway, T. W. (1908): A case of Phosphorescence as a Mating Adaption. School Sci. and Math. Decatur III. May.

161. Derselbe und P. S. Welch (1911): Studies on a Phosphorescent Bermudan Annelid. Odontosyllis enopla Verrill. Trans. Amer. micr. Soc. **30**. 13—39.

162. Garjeanne, A. J. M. (1910): Lichtreflexe bei Moosen. Beih. Botan. Zentralbl. **26**. Abt. I. 1—6.

163. Geipel, E. (1915): Beiträge zur Anatomie der Leuchtorgane tropischer Käfer. Zeitschr. wiss. Zool. **112**. 239—290.

164. Gernetz, D. (1905): Triboluminescence des Composés métalliques. Cpt. rend. acad. sciences Paris **140**. 1134, 1234, 1337.

165. Gerretsen, F. C. (1915): Die Einwirkung des ultravioletten Lichtes auf die Leuchtbakterien (Vorl. Mitteilg.). Zentralbl. f. Bakteriol. usw., Abt. II. **44**. 660—661.

166. Derselbe (1920/21): Über die Ursachen des Leuchtens der Leuchtbakterien. Ebenda **52**. 353—373.

167. Derselbe (1922): Einige Notizen über das Leuchten des javanischen Leuchtkäfers (Luciola Vittata Cast.). Biol. Zentralbl. **42**. 1—9.

168. Geyer, H. (1908): Leuchtende Eiter der Zauneidechse. Lacerta, Beilage Wochenschr. Aquarien- und Terrarienkde. 1908. 87—88.

169. Ghigi (1901): La larva della Luciola italica. Bull. Soc. entom. ital. **33**. 183—188.

170. Gicklhorn, J. (1922): Notiz über den durch Chromulina smaragdina n. sp. bedingten Smaragdglanz des Wasserspiegels. Arch. Protistenkunde. **44**. 219—226.

171. Giesbrecht, W. (1905): La luminosité est-elle un processus vital? Cpt. rend. soc. biol. Paris. **58**. 472—474.

172. Goggia, P. (1910): Phénomènes lumineux dans la série animale. Cosmos. Paris. N. S. **63**. 270—274 u. 299—303.

173. Goss, B. C. (1917): Light Production at Low Temperatures by Catalysis with Metal and Metallic Oxide Hydrosols. Journ. Biol. Chem. **31**. 271—279.

174. Gradenwitz, A. (1909): Luminous Plants. Knowledge. London **32** (N. S. **6**). 51—52.

175. Green, E. E. (1911): On the Occasional Luminosity of the Beetle „Harmatelia bilinea". Spolia Zeylanica **7**. 212—214.

176. Derselbe (1913): On some Luminous Coleoptera from Ceylon. Trans. entom. Soc. London 1912. 717—719.

177. Grimpe, G. und H. Hoffmann (1921): Über die Postembryonalentwicklung von Histioteuthis und über ihre sogenannten „Endorgane". Arch. Naturgesch. Abt. A. **87**. 179—219.

178. de Groot, G. E. (1903): Lichtorganen van Maurolicus pennanti. Helder Tijdschr. Dierkund. Vereenigg. Ser. 2. **10**. 51.

179. Gunichant (1905): Sur la triboluminescence de l'acide arsenieux. Cpt. rend. acad. sciences. Paris **140**. 1170.

180. Haddon, K. (1915): On the Methods of Feeding and the Mouthpart of the Larva of the Glowworm (Lampyris noctiluca). Proc. Zool. Soc. London. 77—82.

181. Harley, V. (1906): Note sur une empoisonnement par le Pleurotus olearius. Bull. Soc. Mycol. Paris. **22**. 271—274.

182. Harrison, P. W. (1908): Luminescence in Plants and Animals. Nature Notes. London. **19**. 81—85.

183. Harvey, E. B. (1917): A Physiological Study of the Specific Gravity and Luminescence in Noctiluca, with Special Reference to Anesthesia. Carnegie-Instit. Washington. Publ. Nr. 251. 235—253.

184. Harvey, E. N. (1913): The Temperature Limits of Phosphorescence of Luminous Bacteria. Biochem. Bull. **2**. Nr. 7. 456—457.

185. Derselbe (1914): Carnegie Instit. Washington. Publ. Nr. 183. 131.

186. Derselbe (1914): On the Chemical Nature of the Luminous Material of the Fire Fly. Science N. S. **40**. 33—34.

187. Derselbe (1915): Experiments on the Nature of the Photogenic Substance in the Fire-Fly. Journ. Amer. Chem. Soc. **37**. 396—401.

188. Derselbe (1915): Studies on the Phosphorescent Substance of the Fire-Fly. Science. N. S. **41**. 472.

189. Derselbe (1915): The Effect of certain Organic and Inorganic Substances upon Light Production by Luminous Bacteria. Biol. Bull. **29**. 308—311.

190. Derselbe (1915): Studies on Light Production by Luminous Bacteria. Amer. Journ. Physiol. **37**. II. 230—239.

191. Derselbe (1916): Studies on Bioluminescence II: On the Presence of Luciferin in Luminous Bacteria. Ebenda **41**. 449—453.

192. Derselbe (1916): The Mechanisme of Light Production in Animals. Science, N. S. **44**. 208—209.

193. Derselbe (1916): The Light-producing Substances, Photogenin and Photophelein of Luminous Animals. Ebenda 652—654.

194. Derselbe (1916): Studies on Bioluminescence III: On the Production of Light by Certain Substances in the Presence of Oxidases. Amer. Journ. Physiol. **41**. 454—463.

195. Derselbe (1917): What Substance is the Source of Light in the Fire-Fly? Science N. S. **44**. 241—243.

196. Derselbe (1917): The Chemistry of the Light Production in Luminous Organisms. Carnegie Instit. Washington. Publ. Nr. 251. 171—234.

197. Derselbe (1917): Studies on Bioluminescence. IV. The Chemistry of Light Production in a Japanese Ostracod Crustaceen, Cypridina hilgendorfii Müller. Amer. Journ. Physiol. **42**. 318—341.

198. Derselbe (1917): Dasselbe V. The Chemistry of Light Production of the Fire-Fly. Ebenda 342—348.

199. Derselbe (1917): Dasselbe VI. Light Production by a Japanese Pennatulid, Cavernularia Haberi. Ebenda 349—358.

200. Derselbe (1918): Dasselbe VII. Reversibility of the Reaction in Cypridina. Journ. general. Physiol. **1**. 133—145.

201. Derselbe (1917): Dasselbe VIII. The Mechanism of the Production of Light during Oxidation of Pyrogallol. Journ. Biol. Chem. **31**. 311—336.

202. Derselbe (1918): Further Studies on the Chemistry of Light Production in Cypridina. Jear Book Carnegie Instit. Nr. 17. 154.

203. Derselbe (1919): Studies on Bioluminescence. IX. Chemical Nature of Cypridina-Luciferin and Cypridina-Luciferase. Journ. general. Physiol. **1**. 269—293.

203a. Derselbe (1919): The relation between the oxygen concentration and rate of reduction of methylene blue by milk. Ebenda 415—419.

204. Derselbe (1919): Dasselbe X. Carbon Dioxyde Production during Luminescence of Cypridina-Luciferin. Ebenda **2**. 133—135.

205. Derselbe (1919): Dasselbe XI. Heat Production during Luminescence of Cypridina Luciferin. Ebenda 137—143.

206. Derselbe (1920): Dasselbe XII. The Action of Acid and of Light in the Reduction of Cypridina Oxyluciferin. Ebenda 207—213.

207. Derselbe (1920): The Nature of Animal Light. Monograph. on Experiment. Biol. Philadelphia und London.

208. Derselbe (1920): Is the Luminescence of Cypridina an Oxydation? Amer. Journ. Physiol. **51**. 580—587.

209. Derselbe (1921): A Fish, with a Luminous Organ, Designed for the Groth of Luminous Bacteria. Science N. S. **53**. 314—315.

210. Derselbe (1921): Studies on Bioluminescence. XIII. Luminescence in the Coelenterates. Biol. Bull. **41**. 280—287.

210a. Derselbe (1922): Dasselbe XIV. The Specificity of Luciferin and Luciferase. Journ. gener. Physiol. **4**. 285—295.

211. Heller, R. (1917): Biolumineszenz und Stoffwechsel. Internat. Zeitschr. phys.-chem. Biol. **3**. 106.

212. Herdmann, W. A. (1913): „Phosphorescence" of Pennatulidae. Nature. London **91**. 582.

213. Hess, W. N. (1917): Origin and Development of the Photogenic Organs of Photuris pennsylvanica De Geer. Entom. News **28**. 304—310.

213a. Derselbe (1918): Origin and development of the photogenic organs of Photuris pennsylvanica. Science N. S. **47**. 143—144.

214. Derselbe (1920): Notes on the Biology of Some Common Lampyridae. Biol. Bull. **38**. 39—76.

215. Derselbe (1921): Tracheation of the Light-Organs of Some Common Lampyridae. Anatom. Record. **20**. 155—161.

215a. Derselbe (1922): Origin and Development of the Light-Organs of Photurus pennsylvanica De Geer. Journ. Morphol. **36**. 244—277.

216. Höllrigl, M. G. (1908): Lebensgeschichte von Lamprorrhiza splendidula mit besonderer Berücksichtigung des Leuchtvermögens. Ber. nat. med. Ver. Innsbruck **31**. 167—230.

217. Hornberger (1920): Nordsee-Plankton: III. Noctiluca miliaris Sur. Mikrokosmos. **14**. 7–9.
218. Howard, A. B. (1910): On the Light on the Fire-Flyes. Annal. Transvaal Mus. Pretoria. **3**. 58–62.
219. Houstoun, R. A. (1915): A Treatise on Light. London.
220. Hoyle, W. E. (1904): Reports on the dredging operations of the west coast of Central-America by the „Albatross" etc. Report on the Cephalopods. Bull. Mus. Comp. Zool. **43**. 51–64.
221. Derselbe (1908): Presidential Address. Rep. 77th. Meet. Brit. Ass. Adv. Sc. 1907. 520 bis 539.
222. Derselbe (1912): The Luminous Organs of Some Cephalopoda from the Pacific Ocean. I. The Eye and Luminous Organ of Bathothauma lyromma. II. of an undetermined Cranchid. III. The Luminous Organ of Onychoteuthis. Proc. 7th. int. Zool. Congr. 831 bis 835.
223. Hyde, E. P., W. E. Forsyth und F. E. Cady (1918): The Visibility of Radiation. Astrophys. Journ. **48**. 65–88.
224. Dieselben (1919): A new experimental determination of the brightness of a black body and of the mechanical equivalent of light. Physical Review **12**. 45–58.
225. Hykeš, O. V. (1917): Einige Bemerkungen zu dem Aufsatze Isaaks „Ein Fall von Leuchtfähigkeit bei einem europäischen Grossschmetterling". Biol. Zentralbl. **37**. 106–108.
226. Joubin, L. (1905): Note sur les organes lumineux de deux Cephalopodes. Bull. Soc. zool. France **30**. 64–69.
227. Derselbe (1905): Note sur les organes photogènes de l'oeil de Leachia cyclura. Bull. Musée océanogr. Monaco. Nr. 33. 13 S.
228. Derselbe (1912): Sur les Céphalopodes captures en 1911 par S. A. S. le Prince de Monaco. Cpt. rend. acad. Paris. **154**. 395–397.
229. Derselbe (1912): Etudes préliminaires sur les Céphalopodes recuellis au cours des croisières de S. A. le prince de Monaco. 1. Note: Melanoteuthis lucens n. g. et n. sp. Bull. Inst. Océanogr. Monaco. Nr. 220. 14 S.
230. Isaak, T. (1916): Ein Fall von Leuchtfähigkeit bei einem europäischen Grossschmetterling. Biol. Zentralbl. **36**. 216–218.
231. Ishikawa, C. (1914): Einige Bemerkungen über den leuchtenden Tintenfisch Watasea nov. gen (Abraliopsis der Autoren) scintillans Berry aus Japan. Zool. Anz. **43**. 162–172.
232. Issatschenko, B. (1911): Erforschung des bakteriellen Leuchtens des Chironomus (Diptera). Bull. Jard. Impér. botan. St. Pétersbourg. **11**. 31–43.
233. Derselbe (1911): Die leuchtende Bakterie aus dem südlichen Bug. Ebenda 44–49.
234. Julin, Ch. (1909): Les embryons des Pyrosoma sont phosphorescents: lex cellules du testa (calymnocytes de Salensky) constituent les organes lumineux du Cyathozoide. Cpt. rend. soc. biol. Paris. **66**. 80–82.
235. Derselbe (1912): Recherches sur le développement embryonnaire de Pyrosoma giganteum Le. I. Aperçu général del' embryogénèse. — Les cellules du testa et de developpement des organes lumineux. Zool. Jahrb. Suppl. 15. **2**. 775–863. (Festschr. f. Spengel).
236. Derselbe (1912): Les caractères histologiques spécifiques des „cellules lumineuses" de Pyrosoma giganteum et de Cyclosalpa pinnata. Cpt. rend. acad. sciences Paris. **155**. 525–527.
237. Derselbe (1913): The Specific Histological Characters of the „Luminous Cells" of Pyrosoma giganteum and of Cyclosalpa pinnata. Rep. 82d. Meet. Brit. Ass. Adv. Sc. 492–493.
238. Just, G.: Frühere Beobachtungen über Flüssigkeitsabsonderung von Arctia caja L. Entomol. Zeitschr. **32**. 70.
239. Ives, H. E. (1910): Recent Study of the Fire-Fly. Electr. World **56**. 864–865.
240. Derselbe und W. W. Coblentz (1909): The Light of the Fire-Fly. Trans. Illumin. Engineering Soc. Oct. 1909. 675.
241. Dieselben (1910): The Luminous Efficiency of the Fire-Fly. Bull. Bureau Standards Washington **6**. 321–336.
242. Derselbe (1910): Further Studies of the Fire-Fly. Physical Review. **31**. 637–651.

243. Derselbe und W. W. Coblentz (1910): The Light of the Fire-Fly, Luminosity without Heat. Scient. Amer. Suppl. **70.** 42—43.

244. Derselbe und M. Luckiesh (1911): The effect of red and infra-red on the decay of phosphorescence in Zinc Sulphide. Astrophys. Journ. **34.** 173—196.

245. Derselbe und C. W. Jordan (1913): The Intrinsic Brilliancy of the Glowworm. Nature Fifty Times as Efficient as Our Best Artificial Light. Scient. Amer. Suppl. **76.** 53.

246. Derselbe (1915): The Total Luminous Efficiencies of present-day illuminants. Physical. Review. Ser. 2. **5.** 390.

247. Kanda, S. (1920): Amer. Journ. Physiol. **50.** 544—545.

248. Derselbe (1920): Physico-chemical studies on Bioluminescence III. The Production of Light by Luciola vitticollis is an oxydation. Ebenda **53.** 137—149.

249. Derselbe (1921): Dasselbe IV. The Physical and Chemical Nature of the Luciferase of Cypridina Hilgendorfii. Ebenda **55.** 1—12.

250. Kastle, J. H. (1909): U. S. Publ. Health and Marine Hosp. Hyg. Labor. Bull. Nr. 51. 30. Washington.

251. Derselbe (1910): The Oxydases and other Oxygen-Catalysts concerned in biological Oxidations. Ebenda **59.** 92.

252. Derselbe und F. A. Mc Dermott (1910): Some Observations on the Light Production by the Fire-Fly. Amer. Journ. Physiol. **27.** 122—151.

253. Kawamura, S. (1910): Studies on a Luminous Fungus, Pleurotus japonicus sp. noc. (Japanisch). The Bot. Mag. Toko. **24.** 163—177, 203—213, 249—260, 275—281.

254. Derselbe (1915): Dasselbe. Journ. Coll. Sc. Univ. Toko. **35.** Nr. 3. 29 S.

255. Kemp, S. (1910): Notes on the Photophores of Decapod Crustacea. Proc. Zool. Soc. London 1910. 639—651.

256. Killermann (1905): Leuchtende Vogelnester. Naturwiss. Wochenschr. **20.** 392—395.

257. Kirsch, A. M. (1909): A biological Study of Noctiluca miliaris. The Midland Natural. **1.** 8—16.

258. Kisskalt, K. und M. Hartmann (1920): Praktikum der Bakteriologie und Protozoologie, I. Teil: Bakteriologie. Darin: Leuchtbakterien 79, 82, 85. 4. Aufl. Jena (1. Aufl. 1907. 94).

259. Knab, F. (1905): Observations on Lampyridae. Canad. Entom. **37.** 238—239.

260. Knauer, F. (1910): Neues über unsere Leuchtkäfer. Prometheus. **21.** 393—397.

260a. Kofoid, Ch. A. und O. Swezy (1921): The Free-living Unarmored Dinoflagellata. Memoirs Univ. California. **5.** 538. Darin: S. 52ff , 209, 406ff.

261. Korotneff, A. (1905): Zur Embryologie von Pyrosoma. Mitteil. Zool. Station Neapel. **17.** 295—311.

262. Krekel, A. (1920): Die Leuchtorgane von Chaetopterus variopedatus Clap. Zeitschr. wiss. Zool. **118.** 480—509.

263. Kruse, W. (1910): Allgemeine Mikrobiologie. Die Lehre vom Stoff- und Kraftwechsel der Kleinwesen. Leipzig. 743—748: Lichtentwicklung.

264. Kükenthal, W. und H. Broch (1911): Pennatulacea. Wiss. Ergebn. D. Tiefsee-Exped. „Valdivia". **13.** I. Teil. 113—576.

265. Ladenburg, R. (1912): Lumineszenz. Handwörterb. d. Naturwiss. **6.** 509—522. Jena.

266. Lampert, K. (1911): Über Leuchttiere und Leuchtorgane. Jahresh. Ver. vaterl. Nat. Württemberg **67.** 55—56.

267. Lang, A. (1913): Handb. d. Morphologie der wirbellosen Tiere. 2. u. 3. Aufl. **4.** 158f., 512f., 619f. Jena.

268. Lehmann, K. B. und J. Sano (1908): Über das Vorkommen von Oxydationsfermenten bei Bakterien und höheren Pflanzen. Arch. f. Hyg. **67.** 99—113.

269. Lesne, P. (1917): Capture accidentelle du Luciola lusitanica Charp. aux environs de Paris. Bull. Soc. entom. France 1917. 242.

270. Lindner, C. (1911): „Ignis fatuus" versus „Luminous Owls". Irish Natural. **20.** 177—178.

271. Linsbauer, K. (1910): Leuchtende Organismen. Das Wissen für Alle. Naturh. Beilage Nr. 8.

272. Derselbe (1917): Selbstleuchtende Regenwürmer. Die Umschau **21.** 67—69.

273. Llaguet (1906): Phénomènes lumineux produits sur la viande de boucherie par le Bacillus phosphorescens. Actes Soc. Linn. Bordeaux. **61.** S. XCVII.
274. Lode, A. (1907/08): Experimente mit Leuchtbakterien. Ber. naturw. med. Ver. Innsbruck **31.** S. XXIII—XXIV.
275. Lüders, L. (1909): Gigantocypris Agassizii Müller. Zeitschr. f. wiss. Zool. **92.** 103—148.
276. Ludwig, F. (1905): Phosphoreszierende Collembolen. Prometheus. **16.** 103—107.
277. Derselbe: Über phosphoreszierende Kleinwesen im Süsswasser. Natur und Kultur. **2.** 396—397.
278. Lund, E. J. (1911): Notes on Light Reactions in Certain Luminous Organisms. Johns Hopskins Univ. Circ. N. S. 1911. Nr. 2. 10—13.
279. Derselbe (1911): On the Structure, Physiology and the Use of Photogenic Organs, with special Reference to the Lampyridae. Journ. experim. Zool. **11.** 415—467.
280. Mangold, E. (1910): Die Produktion von Licht. Wintersteins Handb. d. vergl. Physiol. **3.** 2. 225—392. Jena.
281. Derselbe (1912): Tierisches Licht in der Tiefsee. „Meereskunde", Sammlg. volkstüml. Vortr. H. 68. Berlin.
282. Mast, S. O. (1911): Light and the Behavior of Organisms. New York und London.
283. Derselbe (1912): Science **35.** 460.
284. Derselbe (1912): Behavior of Fire-flies (Photinus Pyralis), with special Reference to the Problem of Orientation. Journ. Animal Behavior. **2.** 256—272.
285. Matthews, Ch. G. (1907): Phosphorescence (in Plants). Burton-on-Trent. Trans. Nat. Hist. Soc. 1902—1906. 74—85.
286. Mc Dermott, F. A. (1910): Physiologic Light. Popul. Sc. Monthly. **77.** 114—121.
287. Derselbe (1910): A Note on the Light-Emission of some American Lampyridae (I). Canad. Entom. **42.** 357—363.
288. Derselbe (1910): The Light of the Fire-Fly. Electr. World. **56.** 1189.
289. Derselbe (1911?): Die Beständigkeit des Leuchtstoffes der Lampyriden und dessen chemische Natur. Chem. Ztg. **35.** 1040.
290. Derselbe (1911): Some Observations on a Photogenic Microorganism, Pseudomonas Lucifera Molisch. Proc. Biol. Soc. Washington. **24.** 179—184.
291. Derselbe (1911): Why do Certain Living Form Produce Light? Popul. Sci. Monthly. New York. **79.** 532—539.
292. Derselbe (1911): Some Considerations Concerning the Photogenic Function in Marine Organisms. Amer. Natural. **45.** 118—122.
293. Derselbe und Ch. G. Crane (1911): A Comparative Study of the Structure of the Photogenic Organs of Certain American Lampyridae. Ebenda 306—313.
294. Derselbe (1911): Some further Observations on the Light-Emission of American Lampyridae: The Photogenic Function a Mating Adaption in the Photini (II). Canad. Entom. **43.** 399—406.
295. Derselbe (1911): Luciferesceine, the Fluorescent Material Present in Certain Luminous Insects. Journ. Amer. Soc. **33.** 410—416.
296. Derselbe (1911): The Stability of the Photogenic Material of the Lampyridae and its Probable Chemical Nature. Ebenda 1791—1797.
297. Derselbe (1911): The Production of Light by Living Organisms. The Chemistry of Biophotogenesis. Scient. Amer. Suppl. **71.** 250—251.
298. Derselbe (1911): The Light of Living Animals. The Structure of Photogenic Organs. Ebenda 284—285.
299. Derselbe (1912): Recent Advances in our Knowledge of the Production of Light by Living Organisms. Ann. Rep. Smithson. Inst. Washington. 1911. 345—362.
300. Derselbe (1912): The Light-emission of the American Lampyridae: Notes and Correction on Former Papers (III). Canad. Entom. **44.** 73.
301. Derselbe (1912): Observations on the Light-emission of American Lampyridae IV. Ebenda 309—311.
302. Derselbe (1912): A note on Photinus castus Lec. Ebenda 312.

303. Derselbe (1913): Chemiluminescent Reactions with Physiologic Substances. Journ. Amer. Chem. Soc. **35**. 824—826.
304. Derselbe (1913): The Fire-Fly and other Luminous Organisms. Pittsburgh Sect. Illuminat. Engineering Soc. April 17. 1913.
305. Derselbe und H. S. Barber (1914): Luminous Earthworms in Washington D. C. Proc. biol. Soc. Washington. **27**. 147—148.
306. Derselbe (1914): The Egologic Relations of Photogenic Function Among Insects. Zeitschr. wiss. Insekt. Biol. **10**. 303—307.
307. Derselbe (1915): Experiments on the Nature of Photogenic Processes in the Lampyridae. Journ. Amer. Chem. Soc. **37**. 401—404.
308. Derselbe (1916): Flashing of Fire-flies. Science. **44**. 610.
309. Derselbe (1917): Observations on the Light-emission of American Lampyridae: The Photogenic Function as a Mating Adaption. V. Canad. Entom. 1917. 53—61.
310. Meisenheimer, J. (1921): Geschlecht und Geschlechter im Tierreiche. I. Die natürlichen Beziehungen. Jena. 461—465.
310a. Derselbe (1905): Pteropoda. Wiss. Ergebn. d. Dtsch. Tiefsee-Exped. **9**. 1—314. Jena.
311. Meissner, O. (1906): Über die Lebenszähigkeit der Insekten. Insektenbörse. **23**. 28, 108, 191.
312. Derselbe (1907): Über das Schicksal einer männlichen Larve von Lampyris noctiluca. Ebenda **24**. 140.
313. Derselbe (1907): Wie leuchten die Lampyriden? Entom. Wochenbl. **24**. 61.
314. Derselbe (1908): Zimmerzucht von Lampyris noctiluca. Monatsh. nat. Unterr. **1**.
315. Meyer, W. Th. (1911): Über Leuchtorgane bei Tieren im allgemeinen und bei Cephalopoden im besonderen. Verh. nat. Ver. Hamburg. **18**. 76—77.
316. Derselbe (1913): Tintenfische mit besonderer Berücksichtigung von Sepia und Octopus. Monogr. einheim. Tiere. **6**. Leipzig. 112—117: Leuchtorgane.
317. Migula, W. (1897 und 1900): System der Bakterien. Handb. d. Morphol., Entwicklungsgeschichte u. Systematik der Bakterien. Jena. Darin: Phosphoreszenz. **1**. 335—342; **2**. 433—437, 865—872, 953—954, 1013—1016.
318. Miyoshi, M. (1915): Über das Leuchtwasser und dessen Schutz in Japan. Botan. Mag. Tokio. **29**. 51. Ref. Physiol. Zentralbl. **22**. 9 und Naturw. Wochenschr. N. F. **15**. 92.
318a. Moffat, C. B. (1911): „Luminous owls". Irish Naturalist. **20**. 127—131.
319. Molisch, H. (1901): Über den Goldglanz von Chromophyton Rosanoffi Woronin. Sitzungsbericht d. k. Akad. d. Wiss. Wien. **110**. Abt. 1.
320. Derselbe (1905): Die Lichtentwicklung in den Pflanzen. Verh. Ges. D. Naturf. Ärzte Meran. Leipzig 1906. 58—71.
321. Derselbe (1905): Dasselbe. Leipzig. 32 S.
322. Derselbe (1905): Dasselbe. Naturw. Rundschau. **20**. 505—511.
323. Derselbe (1911): Über den Einfluss des Tabakrauches auf die Pflanze. I. Teil. Sitzungsbericht d. k. Akad. d. Wiss. Wien. **120**. I. Abt. 22.
324. Derselbe (1912): Leuchtende Pflanzen. Eine physiologische Studie. 2. verm. Aufl. Jena.
325. Derselbe (1917): Das Wesen des Leuchtprozesses in den Lebewesen. Die Umschau. **21**. 243—245.
326. Derselbe (1920): Populärbiologische Vorträge. 52—70: Das Leuchten der Pflanzen. 1907. Jena.
327. Moore, B. (1909): Reactions of Marine Organisms in Relation to Light and Phosphorescence. Proc. and Trans. Liverpool biol. Soc. **23**. 1—34.
328. Moore, J. P. (1909): The Polychaetous Annelids dredged by the U. S. S. „Albatross" of the Coast of Southern California in 1904. I. Syllidae etc. Proc. Acad. Nat. Sci. Philadelphia. **61**. 321—352.
329. Morse, E. S. (1916): Fire-Fly Flashing in Union. Science N. S. **43**. 169—170 und **46**. 387—388.
330. Morton, F. (1917): Leuchtende Pflanzen. Natur. Leipzig. 29—32 und 53—58.
331. Mourgue (1908): Note sur une propriété inattendue de la phosphorescence de Pleurotus olearius. Feuille jeunes natural. Paris. **38**. 67—68.

332. Murill, W. A. (1915): Luminescence in the Fungi. Mycologia. 5. 131–133.

333. Nadson, G. A. (1908): Zur Physiologie der Leuchtbakterien. (Russ. mit deutsch. Resumé). Bull. Jard. Imp. Bot. Pétersbourg. 8. 144–158.

334. Naef, A. (1912): Teutologische Notizen 1–2. Zoll. Anz. **39**. 241–248.

335. Derselbe (1912): Dasselbe 7. Zur Morphologie und Systematik der Sepiola und Sepietta-Arten. Ebenda **40**. 78–85.

336. Derselbe (1921): Die Zephalopoden. Fauna und Flora des Golfes von Neapel. (Zool. Stat. Neapel). 35. Monogr. 1. Teil. 1. Lieferung. Berlin. 148 S.

337. Needham, J. G. (1903): Button-bush Insects. Psyche. **10**. 22–30.

338. Nestler (1903): Das Leuchten des Fleisches und die Wirkung des Bakterienlichtes auf die Pflanzen. Die Umschau. **7**. 212–224.

339. Neumann, G. (1909–1911): Pyrosomen. Bronns Klassen und Ordnungen des Tierreiches. **3**. Suppl. Abt. 2. Leipzig.

340. Derselbe (1912): Über Bau und Entwicklung des Stolo prolifer der Pyrosomen. Zool. Anz. **43**.

341. Derselbe (1913): Die Pyrosomen der Deutschen Südpolar-Expedition. Deutsche Südpolar-Expedition. **14**. 1–34.

341a. Derselbe (1913): Die Pyrosomen der Deutschen Tiefsee-Expedition. Wiss. Ergebn. d. Dtsch. Tiefsee-Exped. **12**. 4. Lieferung. 291–422. Jena.

342. Nichols, E. L. und E. Merritt (1912): Studies in Luminescence. Publ. Carnegie-Instit. Washington. Nr. 152. 1–223.

343. Niedermeyer, A. (1911): Studien über den Bau von Pteroides griseum Bohadsch. Arb. Zool. Instit. Wien. **19**. 99–164.

344. Derselbe (1914): Beiträge zur Kenntnis des histologischen Baues von Veretillum cynomorium Pall. Zeitschr. wiss. Zool. **109**. 531–590.

345. Nusbaum-Hilarowicz (1916): Über einige bisher unbekannte Organe der inneren Sekretion bei den Knochenfischen. Anat. Anz. **49**. 354–367.

346. Nutting, C. C. (1899): The Utility of Phosphorescence in Deap-sea Animals. Amer. Natural. **3**. 792–799.

347. Derselbe (1907): The Theory of Abyssal Light. Proc. 7th. intern. Zool. Congr. 889–899. Boston 1907.

348. Nutting, P. G. (1908): The Luminous Equivalent of Radiation. Bull. Bur. Standards Washington. D. C. **5**. 261–339.

349. Derselbe (1911): The Visibility of Radiation, a Recalculation of Konigs Data. Ebenda **7**. 235–243.

350. Ohshima, H. (1911): Some Observations on the Luminous Organs of Fishes. Journ. Coll. Sc. Tokio. **27**. Nr. 15. 25 S.

351. Oker-Blom, M. (1913): Über die Wirkungsart des ultravioletten Lichtes auf Bakterien. Zeitschr. f. Hyg. **74**. 242–247.

352. Olivier, E. (1907): Lampyridae. Fasc. 53. Wytsmans Genera Insectorum. Bruxelles.

353. Derselbe (1909): Lampyridae. Teil 9. Coleoptorum Catalogus. Schenkling-Junk. Berlin.

354. Derselbe (1909): Organisation des Lampyrides. Cpt. rend. assoc. franç. av .sc. Sess. 37. 573–580.

355. Derselbe (1910): Distribution géographique des Lampyrides. Ebenda Sess. 38. 699–701.

356. Derselbe (1910): Accouplements anormaux chez les insects. I. Congr. Inter. Entomol. 143–145.

357. Derselbe (1911): Contribution à l'histoire des Lampyridae. Mém. Congr. Intern. Bruxelles. 1910. II. 273–282.

358. Derselbe (1911/12): Rev. scient. Bourb. et du cent. France.

359. Omeliansky, W. L. (1911): Die Einwirkung der Radiumstrahlen auf die leuchtenden Bakterien. Zeitschr. f. Balneologie. 405–408.

360. Osorio, B. (1912): Une propriété singulière d'une bacterie phosphorescente I. Cpt. rend. soc. biol. **72**. 432–433.

361. Owsjannikow, Ph. (1900): Zur Kenntnis der Leuchtorgane von Lampyris noctiluca. Mém. Acad. St. Pétersbozurg. 8. Ser. **9**.

362. Parker, C. H. (1919): The Organisation of Renilla. Journ. exper. Zool. **27.** 499–507.
363. Derselbe (1920): Activities of colonial Animals. II. Neuromuscular Movements and Phosphorescence in Renilla. Ebenda **31.** 475–515.
364. Pascher, A. (1913): Chrysomonadinae. Die Süsswasserflora Deutschlands, Österreichs und der Schweiz. Heft 2. Jena.
365. Passerini, N. (1904): Sopra la luce emissa dalle lucciole (Luciola italica). Bull. Soc. entom. ital. **36.** 181–183.
366. Pethen, R. W. (1913): Glow Worms and Lightning. Knowledge. **36.** 13–14.
367. Pfeffer, G. (1912): Die Zephalopoden. Ergebn. d. Planktonexpedition. F. a. **2.** Kiel und Leipzig.
368. Pierantoni, U. (1914): La luce degli insetti luminosi e la simbiosi ereditaria. Nota prelimin. Rend. R. Acad. Soc. Fis. Mat. Napoli. Ser. 3a. **20** Jahrg. 53. 15–21.
369. Derselbe (1914): Sulla luminosità e gli organi luminosi di Lampyris noctiluca L. 2. Nota prelim. Boll. Soc. Natural. Napoli. **27.** (Ser. 2. **7.**) Atti 83–88.
370. Derselbe (1917): Nuove osservazioni sulla luminosità degli animali. Rend. R. Acad. Sc. Fis. Mat. Napoli. Fasc. 1–3. 4 S.
371. Derselbe (1917): Organi luminosi, Organi simbiotici e glandola nidamentale accessoria nei Cefalopodi. Boll. Soc. Natural. Napoli. **30.** (Ser. 2. **10.**) Atti 30–36.
372. Derselbe, (1918): Les microorganismes physiologiques et la luminescence des animaux. Scientia. **23.** 43–53. Bologna.
373. Derselbe (1918): Gli Organi simbiotici e la lumineszenza batterica dei Cefalopodi. Public. Staz. Zool. Napoli. **2.** 105–146.
374. Derselbe (1919): La simbiosi fisiologiche e le attività dei plasmi cellulari. Rivista di Biologia. **1.** 213 (9 S.).
375. Derselbe (1920): Per una piu esatta conoscenza degli organi fotogeni dei Cefalopodi abissali. Archivio Zool. **1.** 195–213.
376. Derselbe (1920): Sul significato fisiologico della simbiosi ereditaria. Boll. Soc. Natural. Napoli. **33.** (Ser. 2. **13.**) Atti 55–66.
377. Derselbe (1921): Note di morfologia e sviluppo sui fotofori degli Eufausiacei. Public. Staz. Napoli. **3.** 165–186.
378. Derselbe (1921): Gli organi luminosi simbiotici ed il loro ciclo ereditario in Pyrosoma giganteum. Ebenda 191–222.
379. Derselbe (1921): Organi luminosi batterici nei pesci. Rivista Biologia **3.** Fasc. 3. 7 S.
380. Pincussen, L. (1921): Biologische Lichtwirkungen, ihre physikalischen und chemischen Grundlagen. Ergebn. d. Physiol. **19.** 79–289.
381. Planet, L. (1908): De la larve et la nymphe du ver luisant commun (Lampyris noctiluca). Naturaliste. Paris. **30.**
382. Derselbe (1909): Notes à propos du Phosphaenus hemipterus. Ebenda **31.** 200.
383. Polimanti, O.: Über das Leuchten von Pyrosoma elegans Les. Zeitschr. f. Biol. **55.** 505–529.
384. Portier, P. (1918): Les symbiotes. Paris.
385. Potts, F. A. (1913): The Swarming of Odontosyllis phosphorea. Proc. Cambridge Philos. Soc. **17.** 193–200.
386. Pratje, A. (1921): Noctiluca miliaris Sur. Beitr. z. Morphologie, Physiologie und Cytologie. I. 53–58: Leuchten. Arch. Protistenkunde. **42.** 1–98.
387. Derselbe (1921): Das Leuchten der Tiere. Naturwiss. Wochenschr. N. F. **30.** 433–440.
388. Derselbe (1921): Makrochemische, quantitative Bestimmung des Fettes und Cholesterins sowie ihrer Kennzahlen bei Noctiluca miliaris. Biol. Zentralbl. **41.** 433–446.
388a. Pringsheim, P. (1921): Fluoreszenz und Phosphoreszenz im Lichte der neueren Atomtheorie. Berlin.
389. Prochnow, O. (1905): Lichtstärke von Lampyris noctiluca L. Entom. Zeitschr. Guben. **19.** 173–174.
390. v. Prowazek, S. (1913): Fluoreszenz der Zellen. Reicherts Fluoreszenzmikroskop. Zool. Anz. **42.** 374–380.

391. Purdy, R. J. W. (1908): The Occasional Luminosity of the white Owl (Strix flammea). Trans. Norfolk Norwich. Nat. Soc. **8**. 547—552.

392. Pütter, A. (1911). Vergleichende Physiologie: 481—488. Produktion strahlender Energie. Jena.

393. Derselbe (1912): Lichtproduktion durch Organismen. Handwörterb. d. Naturwiss. **6**. 333—340. Jena.

394. v. Rabe, F.: Biologische Miszelle. Entom. Blätt. **5**. 233—234.

395. Reed, G. B. (1916): Botan. Gaz. **62**. 53, 233.

396. Reichenbach, H.: Allgemeine Morphologie und Biologie der Bakterien. 56—57: Lichtentwicklung. E. Friedberger und R. Pfeiffer, Lehrb. d. Mikrobiol. **1**. Jena.

397. Reitz, A. (1909): Chemische Probleme aus dem Gebiete der Bakterienforschung. Zeitschr. f. angew. Chemie. **22**. 100—107 und 156—163.

398. Derselbe (1914): Apparate und Arbeitsmethoden der Bakteriologie. **1**. Handb. d. mikroskopischen Technik, herausgegeben v. Mikrokosmos. **6**. Stuttgart. 78, 88, 90.

399. Reuter (1913): Lebensgewohnheiten und Instinkte der Insekten.

400. Reuter, M. (1920): Leuchtendes Fleisch. Leuchtende Tiere. Prometheus. **31**. 6—7 und 13—15.

401. Richard, J. (1905): Campagne scientifique du yacht „Princesse Alice" en 1904. Observations sur la faune bathy-pelagique. Bull. Mus. Océanogr. Monaco. Nr. 41. 30 S.

402. Rizzuli, G. (1906): Azione della luce sulla fosforescenza dei batteri luminosi. Giorn. med. R. Esercito Roma. **54**. 777—782.

403. Roth, W. (1916): Über die goldige Wasserblüte unserer Aquarien. Mikrokosmos. **9**.

404. Russell, E. J. (1903): The Reaction between Phosphorus and Oxygen. I. Journ. Chem. Soc. **83**. 1263—1284.

405. Sapehin, A. A. (1907): Über das Leuchten der Prothallien von Pteris serrulata L. Bull. Jard. Imp. Bot. Pétersbourg. **7**. 85—98.

406. Sasaki, M. (1912): Hotaru-ika. Toyama-ken, Suisan Kumiai Hokoku (Japanisch). 1—29.

407. Derselbe (1912): Hotaru-ika. Zoolog. Magaz. Tokio. **25**. 581—590 (Japanisch).

408. Derselbe, (1914): Observations on Hotaru-ika Watasenia scintillans. Journ. Coll. Agric. Tohoku imp. Univ. **6**. 75—107.

409. Derselbe (1916): Notes on Oegopsides Cephalopods faune in Japan. Annot. Zool. Japan. **9**. 89—120.

410. Derselbe (1920): Report of Cephalopods collected 1906 by the U. S. Bur. Fisheries Steamer „Albatross" in the North Western-Pacific. Proc. U. S. Nat. Mus. Washington. **57**. Nr. 2310. 163—203.

411. Scharff, E. (1908): Über das Leuchten des Phosphors und einiger Phosphorverbindungen. Zeitschr. f. physikal. Chemie. **62**. 179—193.

412. Schertel, S. (1902): Über Leuchtpilze, unsere gegenwärtigen Kenntnisse von ihnen, ihr Vorkommen in Literatur und Mythe. Dtsch. bot. Monatsschr. Arnstadt **20**. 39—42, 56—60, 76—77, 139—152.

413. Schilberszky, K. (1907): Über die leuchtenden Pflanzen (ungarisch). Termt. Közloeny Budapest. **39**. 212—214.

414. Schmidt-Rimpler, H. (1913): Das Leuchten der Augen. Kosmos. Stuttgart. **10**. 49—54.

415. Schneider, K. C. (1902): Lehrbuch der vergleichenden Histologie der Tiere. Jena.

416. Scholz, J. B. (1905): Lebendes Licht (Leuchtpflanzen). Jahrb. Lehrerver. Danzig. **1**. 24—30.

417. Schreitmüller, W. und G. Geidies (1921): Über die „goldige Wasserblüte" (Chromulina). Blätt. f. Aquarien- u. Terrarienkunde. **32**. 150—153.

418. Seeliger, O. (1901): Tierleben der Tiefsee. Leipzig. 49 S.

419. Shafer, G. D. (1911): The Effect of Certain Gases and Insecticides upon the Activity and Respiration of Insects. Journ. Econ. Entom. **4**. 47—50.

420. Shepard, S. E. (1914): Photochemistry. Longmans, Green u. Co.

421. Shoji, R. (1919): A Physiological Study on the Luminescence of Watasenia scintillans Berry. Amer. Journ. Physiol. **47**. 534—557.

422. de Sibour, L. (1913): The Existence of Luminous Birds. Knowledge. **36**. 321—322.
423. Singh, P. und S. Maulik (1911): Nature of Light emitted by Fire-Flies. Nature. London. 88. 111. (Entgegnung von Mc Dermott. S. 279).
424. Söhngen, N. L. (1913): Einfluss von Kolloiden auf mikrobiologische Prozesse. Zentralbl. f. Bakterol. usw., Abt. II. **38**. 626, 630.
425. Solereder, H. (1903): Die „Leuchtalge" der Luisenburg. Mitt. Bayr. Bot. Ges. Nr. 26. 279—280.
426. Ssuchoterin, M. S. (1910): Einige Beobachtungen über das Leuchten bei Oligochäten. Russisch. Proc. Séanc. Soc. Nat. Univ. Kasan. Suppl. Nr. 256. 7 S.
427. Stadler, G. (1905): Über das Leuchten bei Arthropoden. Verh. Zool. bot. Ges. Wien. **55**. 264—265.
428. Derselbe (1906): Über das Vorkommen von Leuchtorganen im Tierreich. Mitt. nat. Ver. Univ. Wien. **4**. 1—16.
429. Steche, O. (1919): Grundriss der Zoologie. Leipzig. 89, 351—354.
430. Stempell, W. und A. Koch (1916): Elemente der Tierphysiologie. Jena. 260, 456f.
431. Derselbe (1917): Licht und Leben im Tierreich. Sammlung „Wissenschaft und Bildung". **147**. Leipzig. 122 S.
432. Derselbe (1917/18): Vorlesungsversuche zu dem Thema: „Licht und Leben im Tierreich". Aus der Natur. Leipzig. **14**. 14—20 u. 59—66.
433. Stenta, M. (1905): Leuchtorgane bei höheren Tieren. Verh. d. Zool. Bot. Ges. Wien. **55**. 265—266.
434. Stiansy, G. (1913): Das Plankton des Meeres. 117—122. Sammlung Göschen. **675**. Berlin und Leipzig.
435. Stübel, H. (1911): Die Fluoreszenz tierischer Gewebe im ultravioletten Licht. Pflügers Arch. d. ges. Physiol. **142**. 1—14.
436. Tarnani, J. C.: Contribution à la question sur la photogénèse chez Chironomus Meig. Rev. russ. Entom. **8**. 87—88.
437. Terao, A. (1917): Notes on Phosphorescence of Sergestes prehensilis Bate. Annot. Zool. Japan. **9**. 299—316.
438. Ternier, L. (1910): Les Oiseaux lumineux. Rev. franç. Ornithol. **2**. 180—183. A propos des oiseaux lumineux par Paul. Paris. 216—217. Dasselbe par L. Ternier 217—219. Sur les oiseaux et les oeufs lumineux anciennent signalés par Amédée Bouvier. 220.
439. Thesing, C. (1912): Meeresleuchten. Die Wunder der Natur. **1**. Deutsches Verlagshaus Bong und Co. Berlin.
440. Thomas, F. (1910): Eine Erklärung für das blitzähnliche Aufleuchten feuerroter Blüten in der Dämmerung. Naturwiss. Wochenschr. N. F. **9**. 573—574.
441. Thomas, R. H. (1902): A Luminous Centipede. Nature. **65**. 223.
442. Thum, E. (1911): Über das Leuchten pflanzlicher Organismen. Mitt. Ver. Naturfr. Reichenberg (Böhmen). **40**. 25—35.
443. Thust, K. A. (1916): Zur Anatomie und Histologie der Brisinga coronata G. O. Sars u. besonderer Berücksichtigung der Lumineszenz der Brisingiden. Mitt. Zool. Stat. Neapel. **22**. Nr. 12. 367—432.
444. Townsend, A. B. (1904): The Histology of the Light Organs of Photinus marginellus. Amer. Natural. **38**. 127—151.
445. Derselbe (1905): Light Organs of the Fire-Fly, Photinus marginellus. (Amer. Ass. Adv. Sc.). Science. N. S. **21**. 267.
446. Trautz, M. (1904): Über neue Lumineszenzerscheinungen. Zeitschr. wiss. Photogr. **2**. 217.
447. Derselbe und P. Schorigin (1905): Krystallolumineszenz und Tribolumineszenz. Ebenda **3**. 80—90.
448. Dieselben (1905): Über Chemilumineszenz. Ebenda 121—130.
449. Derselbe (1905): Studien über Chemilumineszenz. Zeitschr. d. physik. Chem. **53**. 1.
450. Trojan, E.: Die Lichtentwicklung bei Amphiura squamata Sars. Zool. Anz. **34**. 776—781.
451. Derselbe (1910): Ein Beitrag zur Histologie von Phyllirhoë bucephala Péron und Lesueur, mit besonderer Berücksichtigung des Leuchtvermögens des Tieres. Arch. mikrosk. Anat. **75**. 473—518.

452. Derselbe (1913): Über Hautdrüsen des Chaetopterus variopedatus Clap. Sitzungsber. d. k. Akad. d. Wiss. Wien. **122**. Abt. I. 565—596.

453. Derselbe (1913/14): Über die Bedeutung der „follicules bacillipares" Claparèdes bei Chaetopterus variopedatus. 9. Congr. intern. Zool. Monaco. 390—395.

454. Derselbe (1914): Das Leuchten und der Farbensinn der Fische. Naturwiss. Wochenschr. **29**. 785—787.

455. Derselbe (1915): Die Leuchtorgane von Cyclothone signata Garman. Sitzungsber. d. k. Akad. d. Wiss. Wien. **124**. Abt. I. 291—316.

456. Derselbe (1917): Die Lichtentwicklung bei Tieren. Intern. Zeitschr. d. Phys.-Chem. Biol. **3**. 94. Ref. Zentralbl. f. Bakteriol. usw., Abt. II. **51**. 230 und Zentralbl. f. Physiol. **32**. 250.

456a. Derselbe (1917): Zur Lösung der Frage des Organismenlichtes. Naturwiss. Wochenschr. N. F. **16**. 457—461.

457. Tschugaeff, L. (1901): Über Triboluminеszenz. Ber. d. D. Chem. Ges. **34**. 1820—1826.

458. Uexküll, J. v. (1905): Leitfaden in das Studium der experimentellen Biologie der Wassertiere. Wiesbaden. 122.

459. Ugloff, W. A. (1908): Über leuchtende Bakterien. Wojenno-medizinski Žournal Februar 1908. 187.

460. Vant Snyder, Ch. D. und A. (1920): The Flashing Interval of Fire-Flies, its Temperature Coefficient and Explanation of Synchronous Flashing. Amer. Journ. Physiol. **51**. 536 bis 542.

461. Verworn, M. (1915): Allgemeine Physiologie. 6. Aufl. Jena. Darin: Die Produktion von Licht. 304—309; ferner: 450, 455, 472, 521.

461a. Vessichelli (1906): Contribuzioni allo studio della Phyllirrhcë bucephala Péron et Lesueur. Mitt. Zool. Stat. Neapel **18**. 105—135.

462. Ville, J. und E. Derrien (1913): Catalyse biochemique d'une oxydation luminescente. Cpt. rend. acad. sc. Paris. **156**. 2021—2022.

463. Vivanti, A. (1912): Charybditeuthis maculata n. g. n. sp., nuovo Cefalopodo abissali dello stretto di Messina. (Vorl. Mitt.). Riv. Mens. Pesca. Idrob. **7**. (**14**). 89.

464. Derselbe (1914): Contributo alla conoscenza dei Cefalopodi abissali del Mediterraneo. Ricerche sulla Charybditeuthis maculata n. g. n. sp. dello stretto di Messina. Archivio Zool. Ital. **7**. 55—79.

465. Vogel, R. (1912): Beiträge zur Anatomie und Biologie der Larve von Lampyris noctiluca. (Vorl. Mitt.). Zool. Anz. **39**. 515—519.

466. Derselbe (1913): Zur Topographie und Entwicklungsgeschichte der Leuchtorgane von Lampyris noctiluca. Zool. Anz. **41**. 325—332.

467. Derselbe (1915): Beitrag zur Kenntnis des Baues und der Lebensweise der Larve von Lampyris noctiluca. Zeitschr. f. wiss. Zool. **112**. 291—432.

468. Derselbe (1921): Bemerkungen zur Topographie und Anatomie der Leuchtorgane von Luciola chinensis L. Fauna et Anatomia Ceylanica. Nr. 7. Jenaische Zeitschr. Naturw. **57**. 269—274.

468a. Derselbe (1922): Über die Topographie der Leuchtorgane von Phausis splendidula Leconte. Biol. Zentralbl. **42**. 138—140.

469. Vonwiller, P. (1920): Anatomische Bemerkungen über den Bau der Leuchtorgane von Lampyris splendidula. Festschr. f. Zschokke. Nr. 34. Basel. 7 S.

470. Voormolen, C. M. (1918): Über den Einfluss der Strahlung von Mesothorium und Polonium auf das Wachstum der Leuchtbakterien. Rec. trav. bot. Neerlandais. **15**. 229—237.

471. Waentig, P. (1912): Phosphoreszenz. Handwörterb. d. Naturwiss. **7**. 712—719. Jena.

471a. Wallin, I. E. (1922): On the Nature of Mitochondria. I. Observations on Mitochondria Staining Methods Applied to Bacteria. II. Reactions of Bacteria to Chemical Treatment. III. The Demonstration of Mitochondria by Bacteriological Methods. IV. A Comparative Study of the Morphogenesis of Root-nodule Bacteria and Chloroplasts. Amer. Journ. Anat. **30**.

472. Walter, A. (1909): Das Leuchten einer terrestischen Oligochaete. Trav. Soc. Nat. St. Pétersbourg. **40**. Livre 1. C. R. S. 136—137.

473. Wandolleck, B., Das Leben in den Meerestiefen. D. Naturw. Ges. Leipzig o. J.
474. Watasé, S. (1905): Luminous Organs of Abraliopsis, a New Phosphorescent Cephalopod from the Japan Sea. Zool. Magaz. Tokio. **17**. 119—122 (Japanisch).
475. Weber, L. (1920?): Die Lebenserscheinungen der Käfer. Kap. II—IV. Fettkörper. Leuchtorgane. Entom. Blätt. **12**. 211; **13**. 1 u. 143.
476. Weiser, H. B. (1918): Color Determination of Faint Luminescence. Journ. Phys. Chem. **22**. 439—449.
477. Derselbe (1918): Crystalloluminescence. I u. II. Ebenda 480—509 u. 576—595.
478. Weismann, A. (1913): Vorträge über Deszendenztheorie. 3. Aufl. 3 Bände. Jena. Darin: **2**. 278f.
479. Weitlaner, F. (1909): Etwas vom Johanniskäferchen (Lampyris splendidula und noctiluca). Verh. Zool. Bot. Ges. Wien. **59**. 94—103.
480. Derselbe 1911): Weiteres vom Johanniskäferlicht und vom Organismenleuchten überhaupt, mit einzelnen allgemeinen Reflexionen. Ebenda **61**. 192—202.
481. Wernicke (1912): Über Leuchtbakterien. Zeitschr. Naturw. Abt. Deutsch. Ges. f. Kunst u. Wiss. Posen. **19**. 30—33.
482. West, W. (1907): Luminosity of Schistotega osmundacea. Naturalist. Nr. 606. S. 256.
483. Wheeler, W. M. und F. X. Williams (1915): The Luminous Organ of the New Zealand Glow-Worm. Psyche. **22**. 36—43.
484. Wichler, P. (1916): Über das Leuchten der Myriapoden. Naturwiss. Wochenschr. N. F. **15**. 144.
485. Wiedersheim, R. (1909): Vergleichende Anatomie der Wirbeltiere. 7. Aufl. 17—18. Jena.
486. Williams, F. X. (1916): Photogenic Organs and Embryology of Lampyrids. Journ. Morphol. **28**. 145—186.
487. Derselbe (1917): Notes on the Life-history of some North American Lampyridae. Journ. New York. Entom. Soc. **25**. 11—33.
487a. Williamson, H. St. (1922): Some Experiments on the Action of Wood on Photographic Plates. Ann. of Botany **36**. 91—100.
488. Woltereck, R. (1909): Die Hyperiidea gammaroidea. I. Teil: Tribus „Primitiva“ dieser Unterordnung. (Rep. Sci. Results „Albatross“ 18). Bull. Mus. Comp. Zool. **52**. 145—168.
489. Wülker, G. (1910): Über Japanische Cephalopoden. Beiträge zur Kenntnis der Systematik und Anatomie der Dibranchiaten. Abh. math.-phys. Klasse, k. bayr. Akad. d. Wiss. **3**. Suppl.-Bd. 1. Abh. 70 S.
490. Derselbe (1913): Über das Auftreten rudimentärer akzessorischer Nidamentaldrüsen bei männlichen Cephalopoden. Zoologica. **26**. Heft 67. S. 201—210.
491. Yatsu, N. (1917): Note on the Structure of the Maxillary Gland of Cypridina hilgendorfii. Journ. Morphol. **29**. 435—440.
492. Zikes, H. (1912): Über das Verhalten von Leuchtbakterien in Würze und Bier. Allg. Zeitschr. f. Bierbr. u. Malzfabr. **40**. Nr. 7. Ref. Zentralbl. f. Bakteriol. usw., Abt. II. **37**. 88.
493. Zirpolo, G. (1917): Ricerche su di un bacillo fosforescente che si sviluppa sulla Sepia officinalis (Bacillus Sepiae n. sp.). Boll. Soc. Natural. Napoli. **30**. **47**.
494. Derselbe (1918): I Batterii fotogeni degli organi luminosi di Sepiola intermedia Naef (Bacillus Pierantonii n. sp.). Ebenda **30**. (Ser. 2. **10**). 1917. Atti 206—220.
495. Derselbe (1918): Micrococcus Pierantonii, Nuova specie di batterio fotogeno dell'organo luminoso di Rondoletia minor Naef. Ebenda **31**. (Ser. 2. **11**). Atti 75—87.
496. Derselbe (1919): I batteri fosforescenzi e la recenti ricerche sulla biofotogenesi. Natura. Riv. Sc. Nat. Milano. **10**. 60.
497. Derselbe (1920): Studi sulla bioluminescenza batterica 1. Azione degl' ipnotici. Riv. di biol. **2**. 52—59.
498. Derselbe (1920): Dasselbe 2. Azione dei sali di magnesio. Boll. Soc. Natural. Napoli. **32**. (Ser. 2. **12**). (1919.) Atti 112—119.
499. Derselbe (1920): Dasselbe. 3. Azione dei raggi emanati dal bromuro di radio. Ebenda **33**. (Ser. 2. **13**). Atti 75—81.

500. Derselbe (1921): Dasselbe. 4. Azione dei sali radioattivi. Natura. Riv. Sci. Natural. **12**. 139–144.
501. Zugmeier, E. (1910): Leuchtorgane und Augen von Tiefseefischen. Naturwiss. Wochenschrift **25**. 329–331.

Die Leuchtbakterien.

Hierher Literatur-Nummer: 11, 12, 19—25, 34, 38, 41—46, 51, 56, 57, 60, 67, 74, 75, 88, 98, 102, 104, 116, 125, 140, 141, 150, 151, 154, 156, 158, 159, 165, 166, 174, 184, 185, 189, 191, 207, 209, 232, 233, 258, 263, 268, 273, 274, 280, 290, 299, 317, 320—326, 330, 333, 338, 351, 359, 360, 368—374, 396—398, 400, 402, 411, 424, 442, 459, 470, 481, 492, 493—500.

Systematik und die Veränderlichkeit der Arten.

Es sind bisher schon eine grosse Anzahl von leuchtenden Formen unter den Bakterien beschrieben und benannt worden, und auch in den letzten Jahren ist eine ganze Anzahl zu den bisher bekannten hinzu gekommen. Zum Teil haben sich aber später früher als verschiedene Arten beschriebene Formen als identisch erwiesen und auch heute noch lässt sich nicht mit Sicherheit entscheiden, ob die beschriebenen Arten sich wirklich alle aufrecht erhalten lassen. Denn einerseits sind die Beschreibungen sehr oft recht unvollständig und ungenau, so dass es den späteren Beobachtern oft recht schwierig ist, neu beobachtete Formen mit den alten zu identifizieren. Überhaupt hat die Bakteriensystematik mit sehr viel grösseren Schwierigkeiten zu kämpfen als etwa die Systematik der höheren Pflanzen und Tiere. Die morphologischen Unterschiede der Bakterien sind oft nur sehr gering, und es stellt sich häufig heraus, dass eine Form in die andere übergehen kann; so kann die Grösse sehr variabel sein, Stäbchen können Kokken- oder Vibrionenform annehmen und die Begeisselung ist oft schwer nachweisbar. So sind die Merkmale, welche uns veranlassen, verschiedene Bakterien-Arten oder auch Gattungen aufzustellen, meist physiologischer Art, namentlich ihr Verhalten in den verschiedenen Kulturmedien. Doch auch dieses physiologische Verhalten kann manchmal wechseln, und so wird meist erst eine lang dauernde Kultur der betreffenden Bakterienart unter verschiedenen Bedingungen uns eine genauere Festlegung im System ermöglichen. Manchmal treten in den künstlichen Kulturen Formen auf, die sich durch wesentlich andere Eigenschaften von den Ausgangsformen auszeichnen. Inwieweit diese neuentstandenen Formen als Modifikationen oder Mutationen nach den Begriffen der modernen Variations- und Vererbungsforschung zu bezeichnen sind, darauf werden wir noch zurückzukommen haben; denn gerade an Leuchtbakterien sind eine Anzahl von Untersuchungen angestellt worden, welche sich mit diesem Problem beschäftigen. Es kann hier nicht meine Aufgabe sein, zu entscheiden, wieweit die neu beobachteten Bakterien wirklich neue Arten sind, oder ob sie sich etwa mit früher beschriebenen Formen identifizieren lassen, wozu auch meist die bisherigen Beschreibungen und Untersuchungen nicht ausreichen. So will ich mich denn hier darauf beschränken, die inzwischen neu beschriebenen

Arten kurz aufzuzählen und zu charakterisieren. Nicht zu berücksichtigen sind hier, wie immer, die bereits von Mangold (280) erwähnten Arten, welcher die Aufzählung der Arten den Zusammenfassungen von Molisch (324) entnommen hat. Beide schliessen sich im wesentlichen an die Systematik von Migula (317) an, wo man auch die nähere Charakterisierung der früher beschriebenen Arten und Gattungen nachlesen möge.

Eine übersichtliche tabellarische Zusammenstellung der bisher beschriebenen Bakterienarten mit ihren verschiedenen Synonymen gibt auch die Arbeit von Dahlgren (75).

Als neue Arten sind inzwischen beschrieben worden:

Bacterium Hippanis Issatschenko.
Bacterium Chironomi Issatschenko.
Bacillus Sepiae Zirpolo (493).
Bacillus Pierantonii Zirpolo.
Micrococcus Pierantonii Zirpolo.
Photobacterium hollandicum Beijernick.
Photobacterium splendidum Beijernick.

In dem systematischen Verzeichnis von Molisch (324) und Migula (317) sind ferner verschiedene Vibrionen-Arten absichtlich nicht mit aufgenommen, da es sich bei ihnen wohl nicht um selbständige Arten handele, so *Vibrio Rumpel* (in seinen verschiedenen Abarten: 93, 94 und I. BC.), mit denen Ballner (12) und Friedberger und Doepner (156) ihre Versuche angestellt haben, welche beide ihre Kulturen von Lode erhielten (vgl. M. 359). Auch die von Fischer (150) beschriebene Form: *Photobacterium hirsutum* Fischer scheinen Migula und Molisch versehentlich nicht mit aufgenommen zu haben, während sie Dahlgren (75) mit aufzählt.

Coulon und Chodat (57 u. 67) benutzten zu ihren Versuchen einen nicht näher charakterisierten *Micrococcus* und *Pseudomonas luminescens.* Auch diese Art finde ich bisher nirgends angegeben; die Verfasser scheinen, soweit mir ersichtlich (von Nr. 67 stand mir leider nicht das Original, sondern nur ein Referat zur Verfügung) den Autor der Artbezeichnung oder eine nähere Charakterisierung der Art nicht zu geben. Vielleicht soll es *Pseudomonas lucifera* Molisch sein.

Es möge noch eine kurze Charakterisierung der neu beschriebenen Formen folgen:

Bacterium Hippanis Issatschenko (233). 3—4 μ lang, 1,5 μ breit. Gelatine verflüssigt sich sehr langsam, der Stich nimmt trichterförmige Vertiefung an. Kolonien braun gefärbt, flockenartig. Auf Agar: hell zitronengelber Belag. Leuchtet hell auf Nährböden mit 0,5—3 $^0/_0$ NaCl. Ohne Salzwasser leuchten die Bakterien auf den Süsswasserfischen nicht. Diese Form soll aus dem Meerwasser stammen und ihre Leuchtkraft verloren haben.

Bacterium Chironomi Issatschenko (232). 2—3 μ lang, 1 μ breit, an den Enden abgerundet. Auf Fischagar mit 3% NaCl: weisser Belag. Gelatinestich verflüssigt sich langsam (erst nach 4 Tagen sichtbar). Auf Fischbouillon Häutchen, auf mit 4% NaCl gekochten Kartoffeln schön leuchtend. Lackmus entfärbt sich. Nitrate gehen in Nitrite über. Auf Fleisch-Pepton-Agar Leuchten ohne NaCl. In leuchtenden Mücken gefunden.

Bacillus Pierantonii Zirpolo (494). Stäbchen 1,5 μ lang, 0,5 μ breit. Ausser den Stäbchen wurde noch Kokkenform beobachtet: 0,5 μ Durchmesser, in Ketten oder in Gruppen von dreien oder vieren angeordnet. Ziemlich lebhafte Beweglichkeit. Färbt sich mit den gewöhnlichen Anilinfarbstoffen, besonders mit der Ziehlschen Lösung. Gram negativ. Sporen fehlen. Verflüssigt Gelatine nicht, koaguliert Milch nicht. Form der Kolonien rund, durchsichtig, besonders an den Rändern. Farbe: weissgelblich auf Agar, gräulich auf Gelatine, smaragdgrünes Licht. Trübt Bouillon, entwickelt sich auf Kartoffeln und Hühnereiweiss. Isoliert aus frischen Leuchtorganen von *Sepiola intermedia* Naef. Auf *Sepia* wenig, auf *Carcinus* und *Palaemon* stark pathogene Wirkung nach Überimpfung dieser Form. (Abb. 1.)

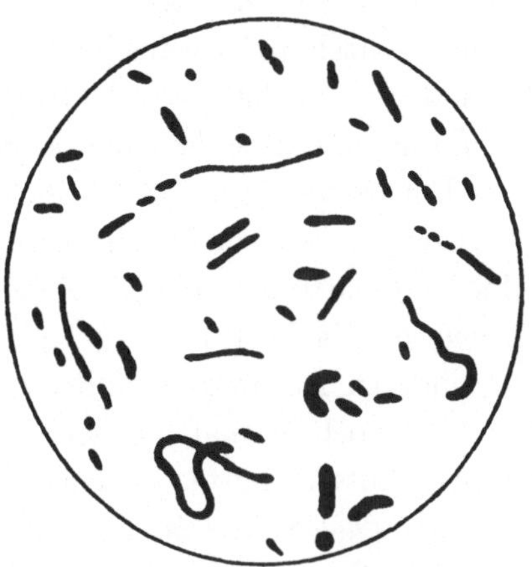

Abb. 1. *Bacillus Pierantonii Zirpolo.* (Nach Zirpolo 494).

Micrococcus Pierantonii Zirpolo (495). Isoliert aus Leuchtorganen von *Rondeletia minor* Naef, zuerst als Kokken auftretend, in den darauf folgenden Kulturen auch kokkobazilläre Formen. Durchmesser des Kokkus: 1,2 μ; der Kokkobazillus ist 1,8 μ lang. Beweglich. Färbung mit den gewöhnlichen Anilinfarbstoffen. Gram negativ, keine Zilien, keine Sporen. Lebensoptimum: 20—26° C. Form der Kolonien: rundlich, von etwa 1 mm Durchmesser. Ziemlich intensiv grünes Licht. Trübt Fleischbrühe, auf Kartoffeln und Hühnereidotter langsame Entwicklung. *Palaemon* und *Portunus* starben bald nach Injektion, *Carcinus* und *Maja* erst nach etwa 14 Tagen.

Photobacterium hollandicum Beijerinck (24). Soll auf Meerwasser-Bouillon-Gelatine sehr kleine verflüssigende Kolonien bilden mit aufgefressenem Rande. Sei verwandt mit *Photobact. Fischeri* und vielleicht auch mit *Ph. tuberculatum* Fischer.

Photobacterium splendidum Beijerinck (24) (früher auch als *Photobacterium splendor maris* Beijerinck bezeichnet). Grösste Wachstumsintensität bei 25—28° C. Schnelleres Wachstum als *Bacterium phosphorescens* Fischer. Abgerundete, seitwärts sich nicht ausbreitende Kolonien. Form und Wachstum ist sehr ähnlich demjenigen der gewöhnlichen Meeresvibrionen, sowie der

Cholera- und choleraähnlichen Vibrionen. *Photobacterium splendidum* soll nach Ansicht von Beijerinck vielleicht jedes Jahr wieder durch Mutation aus dunklen Meeresvibrionen hervorgehen. Gelatine wird stark verflüssigt. Im Sommer in der Nordsee sehr allgemein.

Barnard und Macfadyen (20) vertreten ebenfalls wie verschiedene andere Autoren die Ansicht, dass viele der 25 verschiedenen Varietäten nahe miteinander verwandt, wenn nicht gar identisch seien. Sie erwähnen auch eine bisher unbeschriebene Form, einen *Bacillus,* der zwischen 9 und 37° C wachse, ohne ihn aber näher zu charakterisieren. Barnard berichtet später (21), dass alle Leuchtbakterienvarietäten sich beträchtlich in der Form verändern, wenn sie längere Zeit künstlich kultiviert werden, so dass es sehr schwierig sei, eine einzelne Form nach dem mikroskopischen Aussehen zu identifizieren. Auch der Salzgehalt des Kulturmediums übt einen beträchtlichen Einfluss auf Form und Aussehen der Bakterien aus.

Ebenso wenig wie in der Benennung und Abgrenzung der einzelnen Arten, ist man sich bei den Leuchtbakterien über die Einordnung der Arten in verschiedene Gattungen einig. Gerade unter den Leuchtbakterien gibt es so viel Synonyme, da bestimmte Formen von dem einen Autor zu dieser Gattung, von anderen Autoren zu anderen Gattungen gestellt wurden. Dubois (125) hat 1914 noch einmal die Ansicht ausgesprochen, welche Beijerinck schon früher geäussert hatte, dass nämlich sämtliche Leuchtbakterien in der einen Gattung *Photobakterium* zu vereinigen seien. Auch die Arten seien höchst wahrscheinlich viel weniger zahlreich, da die Leuchtbakterien sehr veränderlich in Form und Leuchtvermögen seien.

Demgegenüber scheint Beijerinck seine frühere Anschauung nicht mehr ganz aufrecht erhalten zu haben. Denn in seinen neueren Arbeiten (23 und 24, vgl. auch 141) gebraucht er eine andere Nomenklatur als die früher von ihm selbst aufgestellte. In der einen Arbeit spricht er von *Bacillus* (*phosphoreus, Fischeri, degenerans und indicus*), während er in der späteren Arbeit (24) die meisten Formen wieder zur Gattung *Photobacterium* rechnet; fügt aber ausdrücklich hinzu, dass er damit nicht angeben wolle, dass es sich um eine natürliche Gattung handele, da die Verwandtschaftsverhältnisse der Leuchtbakterien noch unbekannt seien.

Auch Dahlgren (74) meint, dass man nicht alle Leuchtbakterien in einer physiologischen Gattung „*Photobakterium*“ zusammenfassen darf, da die Eigenschaft, Licht auszusenden, unabhängig voneinander in mehreren Gruppen entstanden sei.

Beijerinck (23) hält *Bacillus phosphoreus* für identisch mit *Micrococcus phosphoreus* Cohn und *Photobacter*(*ium*) *phosphoreum* Beijerinck; in der anderen Arbeit (24) hebt er hervor, dass *Photobacterium phosphoreum* Cohn und *Photobacterium phosphorescens* Beijerinck einander entsprechen. Alle diese verschiedenen Namen scheinen das gleiche Bakterium zu bezeichnen, während Molisch (324) sie noch als zwei verschiedene Arten in sein Verzeichnis aufgenommen hat. Betreffs der verschiedenen Synonyme siehe auch die beiden Tabellen bei Dahlgren (75). Nach Beijerinck (24) verflüssigen die eben genannten Formen die Gelatine; sie kommen auf Meeresfischen vor; ihr Temperaturoptimum liegt bei ungefähr 15° C.

Bacterium Fischeri und *degenerans* sollen verwandtschaftlich einander nahe stehen und *Photobacterium luminosum* Beijerinck soll mit *Photobacterium indicum* Beijerinck und mit *Photobacterium splendidum* Beijerinck verwandt sein.

Die grosse Unsicherheit in der Nomenklatur der Leuchtbakterien wird uns noch verständlicher, wenn wir Näheres über die grosse Veränderlichkeit der Form und mancher physiologischer Eigenschaften der Leuchtbakterien hören. Manchmal treten sogar sprungweise Formen auf, die sich in wesentlichen Eigenschaften von den Ursprungsformen unterscheiden. Besonders Beijerinck ist es gewesen, der sich ausführlich mit der Mutation der Bakterien beschäftigt hat; namentlich beim Leuchtvermögen treten wesentliche Veränderungen auf.

1912 (23, vgl. auch 141) teilt er des näheren seine Beobachtungen über die Mutation bei *Bacillus (Photobacterium) indicus* mit. Dieser lasse sich Jahre lang mit unveränderter Leuchtkraft kultivieren. So gelang es Beijerinck den gleichen Stamm von 1886—1911 konstant zu erhalten. Dieses konstante Leuchtvermögen erhalte man durch schnelle Überimpfung, wobei keine Degenerationen und Mutationen auftreten. Durch Auslese der am stärksten leuchtenden Formen konnte keine Steigerung der Leuchtkraft erzielt werden. Unter bestimmten Bedingungen erhielt Beijerinck ausser der Normalform noch vier verschiedene Arten von Mutanten: Eine Zwergform, *Bacillus indicus parvus,* zwei halbdunkle Formen, *Bacillus indicus semiobscurus* 1 und 2 und schliesslich eine ganz dunkle Form, *Bacillus indicus obscurus.* Die Zwergform zeichnet sich durch geringe Vegetationskraft, kleine Kolonien und geringe Beweglichkeit aus; auch das Verflüssigungsvermögen sei gering. Namentlich durch Kultur unterhalb von 22° C tritt die Mutation der Hauptform nach der Zwergform hin ein. Kultiviert man diese nun oberhalb von 25° C, so beobachtet man sehr häufig Rückschläge nach der Stammform hin. Trotzdem sagt Beijerinck, dass es sich um eine echte Mutation handele und nicht um eine fluktuierende Variation, da sich ausser den zahlreichen Atavisten auch stets immer einzelne unveränderte Parvuskolonien erhielten.

Wenn man frische Kolonien in Fischbouillon mit 3% NaCl bei einer Temperatur oberhalb des Leuchtmaximums kultiviert (bei 25—30° C), dann treten häufig fast dunkle Mutanten neben der unveränderten Hauptform auf. Auch morphologisch zeigen die dunklen Mutanten einige Veränderungen: Während die Stammform und auch die Parvusform meist aus kleinen vibrionenartigen Gliedern besteht, finden wir bei den Obscurus-Mutanten längere dünne Stäbchen oder Fäden. Auch das Wachstum und Verflüssigungsvermögen sind etwas verändert. Auch bei dieser Mutante können Rückschläge zur Hauptform eintreten. Es treten einzelne Kolonien mit etwas höherer Leuchtkraft auf, doch geht der Rückschlag meist nicht plötzlich, in einem Sprunge vor sich, sondern mit Zwischenstufen. Beijerinck ist der Ansicht, dass auch die neue Entstehung der dunklen Mutanten nicht in einem Sprunge erfolge, sondern mit Zwischenphasen, und als solche fasst er die beiden Semiobscurus-Mutanten auf.

Bei *Bacillus phosphoreus* (=*Micrococcus phosphoreus* Cohn und *Photobacterium phosphoreum* Beijerinck) wurden keine Mutationen, sondern nur erbliche Degenerationen beobachtet. Frisch isolierte und bei niedriger Temperatur (10—15° C) gezüchtete Bakterien gaben sarzineähnliche Kolonien, die zusammenhängende Zoogloea-Massen darstellen. Wird bei niedriger Temperatur weiter gezüchtet, so erhalten sie sich konstant; bei höherer Temperatur erweichen die Kolonien dagegen weiter und verlieren das Zoogloeabildungsvermögen dauernd (auch bei niedriger Temperatur). Es sei also keine Mutation und keine Modifikation, sondern ein Fluktuations- oder Degenerationsvorgang. Eisenberg (141) meint, dieser Schluss sei nicht zwingend, es könne auch eine Kumulation einzelner Mutationen sein. Da die nähere Analyse fehlt, könne man aber nichts Näheres darüber aussagen.

Auch Dubois (140) berichtet über die grosse Form- und Funktionsveränderlichkeit der Leuchtbakterien, die beide voneinander unabhängig seien. Er benutzte *Photobacterium sarcophyllum* Dubois (=*Bacterium phosphoreum* Cohn). Diese Mikroorganismen haben bei aerober Lebensweise Biskuit-Form. In der Tiefe des Kulturmediums erleiden jedoch sowohl Form und Grösse der einzelnen Bakterien, wie auch der gesamten Kulturen tiefgreifende Veränderungen. Sie seien allerdings noch schwach leuchtend. Fügt man 1% Lecithin aus Eigelb zur Fleisch-Pepton-Bouillon-Gelatine hinzu und macht eine tiefe Furche mit einer Platin-Nadel, so entstehen kleine rundliche Massen, die sich durch gegenseitigen Druck deformieren und das Aussehen eines parenchymatösen Pflanzengewebes annehmen. Es seien Pseudo-Zellen, aber ohne Kern, welche Dubois (M. 160) als kleine Zoogloen betrachtet. Wenn man das Lecithin durch nukleinsaures Natrium ersetzt, so entstehen ebenfalls Zoogloen; ihre Kolonien haben jedoch eine andere Form, die in ihrem Aussehen dem Thallus gewisser Algen oder Pilze ähneln soll.

1915 berichtet Beijerinck (24) über Mutationen an anderen Leuchtbakterienarten, und zwar besonders an *Photobacterium splendidum* (vgl. S. 189). Auch hier traten die Mutationen namentlich bei Kulturen oberhalb von 25° C ein, obgleich diese Bedingung nicht die eigentliche Mutationsursache zu sein schien, da gelegentlich auch bei niedrigerer Temperatur die gleichen Mutationen beobachtet wurden. Bei Kultur oberhalb von 37° C sind Wachstum und Teilungsrate sehr langsam und daher auch keine weitgehende Variabilität möglich. Kultiviert man *Photobacterium splendidum* 5 Tage lang bei 30—32° C, so erhält man eine vollständig dunkle Kultur. Diese Umwandlung geht nicht plötzlich, sondern nur langsam vor sich, d. h. sie erstreckt sich über mehrere Zellteilungen. Auch hier finden wir also Submutanten. Die neu entstehende dunkle Form zeigt ausser dem Verschwinden der Leuchtkraft noch verschiedene andere Veränderungen, so dass man durchaus den Eindruck einer anderen Spezies habe. Das Wachstum ist kräftiger, die Beweglichkeit stärker, auf Agarplatten dehnen sich die Kulturen seitwärts aus und fliessen mit den Nachbarkolonien zusammen; die Gelatine wird stärker verflüssigt, die Kolonien sind bräunlich, während die der Hauptform farblos sind. Auch die bei der Neuentstehung der dunklen Mutanten auftretenden Zwischenstufen zeigten bisweilen eine erbliche Stabilität. Durch Bestrahlung mit ultraviolettem Licht konnte keinerlei Mutabilität oder Variation ausgelöst werden.

Sowohl bei den Submutanten wie bei der Hauptform treten Rückschläge zur Stammform auf, auch dieser Atavismus erfolgt stufenweise. Aus diesem Vorhandensein der Submutanten schliesst Beijerinck, dass die Gene keine unteilbare Einheiten sein könnten. Die Gene müssten teilbar sein, die Teile hätten die gleiche erbliche Konstanz wie Hauptgene. Er stellt sich diese Gene als kurze „Photoplasma"-Fäden vor, die bei der Entstehung von Submutanten verkürzt seien und je nach dem Grade der Verkürzung entstünden Submutanten mit verschiedener Leuchtkraft. Die dunklen Mutanten stellten nur den Grenzfall der Verkürzung dar. Da Atavismus auch von der dunklen Mutante aus möglich sei, könne das Protoplasma aber nicht ganz verschwunden sein, es müsse vielmehr wenigstens noch in der Form von Progenen vorhanden sein.

Diese theoretischen Ansichten scheinen mir nun aber in keiner Weise genügend begründet zu sein. Die grosse Veränderlichkeit der Leuchtkraft, bei der es sich also um eine physiologische Eigenschaft handelt, braucht doch keineswegs in gleicher Weise wie bestimmte morphologische Eigenschaften quantitativ in den „Genen" festgelegt zu sein. Die Anschauung des sich verkürzenden „Photoplasma-Fadens" scheint auf alle Fälle viel zu grob mechanisch zu sein. Dass Beijerinck sich auch selbst die Gene sich nicht ganz so grob als „Photoplasma-Fäden" vorstellt, geht aus einer späteren Bemerkung des gleichen Aufsatzes hervor, wo er sagt, dass das Wort „Gene" einfach durch „Endoenzyme" ersetzt werden könne. Die Leuchterscheinungen mögen auf derartigen Endoenzymen beruhen, ob auch die „Gene" der morphologischen Eigenschaften, können wir heute wohl noch nicht entscheiden.

Einfluss von Salzen, Säuren und Alkalien.

Die Ersetzbarkeit des Kochsalzes. Auf die Bedeutung der Salze für das Gedeihen und das Leuchten der Leuchtbakterien waren schon ältere Untersucher aufmerksam geworden. Dann hatte besonders Molisch (324) ausführliche Untersuchungen bei verschiedenen Leuchtbakterienarten darüber angestellt, inwieweit das Kochsalz durch andere Mineralsalze vertreten werden könne. Er kam dabei zu dem Ergebnis, dass das Chlornatrium nicht die Rolle eines Nährmittels spielen könne, da es durch viele andere Salze ersetzt werden könne, sowohl durch andere Chloride, wie auch durch ganz andere Salze, während nach der Ansicht von Molisch ein Nährelement der Pflanze niemals durch ein verwandtes vollends ersetzt zu werden vermöge. Er nimmt vielmehr an, dass das Salz hauptsächlich als osmotischer Faktor eine Rolle spiele; das Nährsubstrat müsse dem Zellinhalt mehr oder minder isosmotisch sein.

Zu dem gleichen Thema haben sich nun noch einige andere Autoren geäussert und zum Teil auch umfangreiche Versuche zu dieser Frage angestellt. Dubois (125) weist 1914 von neuem darauf hin, dass 3 % Salz für die Lichterzeugung der Bakterien unbedingt notwendig sei; zu stark gesalzene Nährlösungen leuchteten dagegen schwächer. Die äussere Umgebung müsse isosmotisch mit dem inneren Zustand der Leuchtbakterien sein. Diese Salze konnten durch entsprechende Mengen anderer Körper ersetzt werden, wie z. B.: durch Zucker, Kaliumchlorid, Kaliumjodid, Magnesiumchlorid, Kaliumacetat, Kaliumsulfat und Magnesiumsulfat. Trotzdem sagt er, dass eine wenn auch sehr geringe Menge Meersalz für die Ernährung der Bakterien notwendig sei. Über eigene Versuche zu diesem Thema berichtet er aber nicht.

Im Gegensatz hierzu hat Harvey (189) den Einfluss verschiedener Substanzen auf die Lichtproduktion der Bakterien durch Experimente aufzuklären versucht und dabei auch den Einfluss der Salze näher geprüft. Die Zusammensetzung des Salzes des Seewassers sei ohne wesentlichen Einfluss, die Bakterien leuchten und leben auch in reinem NaCl, ohne jeden Zusatz von zweiwertigen Ionen, das sonst auf andere Meeresorganismen und Ziliaten sehr giftig wirkt. Auch KCl wirkt verhältnismässig wenig giftig, wenn auch etwas mehr als NaCl. Nur $CaCl_2$ und $MgCl_2$ wirkten giftig, wenn sie allein gegeben wurden.

Coulon (67) stellte fest, dass von den sechs das Molischsche Kulturmittel ausmachenden Stoffen nur das K_2SO_4 entbehrlich sei. NaCl sei keine Nährsubstanz und könne durch andere den Gefrierpunkt ebenfalls um 1,75° herabsetzende Elektrolyte ersetzt werden. NaCl erhöhe den osmotischen Druck.

Die ausführlichsten Untersuchungen hat in neuerer Zeit Gerretsen (166) unternommen, welcher seine Untersuchungen grösstenteils an *Photobacterium javanense* Eykmann (=*Pseudomonas javanica* Migula) anstellte. Und zwar untersuchte er die Wirkung der Kationen und der Anionen getrennt. Die Salze wurden in Fischbouillon gelöst und die Lösungen mit einer dreiprozentigen Kochsalzlösung isotonisch gemacht. NaCl konnte durch NaBr, $NaNO_3$, Na_2SO_4 und $Na_2S_2O_3$ ersetzt werden, ohne dass die Lichtstärke vermindert war, nicht aber durch NaJ und Na-Acetat. Molisch (324) und andere

Untersucher hatten ähnliche Versuche nicht angestellt, nämlich keine Versuche mit anderen Natriumverbindungen als dem Kochsalz. Aus den Versuchen von Gerretsen geht deutlich hervor, dass das Cl-Ion bei Vorhandensein von Na beim Leuchten keine spezifische Rolle spielen kann.

In weiteren Versuchen wurde das Kation ersetzt: KCl, LiCl, $CaCl_2$ und $MnCl_2$ lieferten gar nicht oder nur schwach leuchtende Kulturen; nur $MgCl_2$ gab ebenfalls stark leuchtende Kulturen. $CaCl_2$ und $MnCl_2$ wirkten auch auf das Wachstum der Bakterien giftig, was die anderen Stoffe nicht taten. Nach diesen Versuchen schreibt Gerretsen dem Kation einen spezifischen Einfluss auf die Leuchtfunktion zu. Diese Ergebnisse stehen jedoch mit denen von Molisch (324) teilweise in Widerspruch, welcher fand, dass alle Chloride (ClNa, ClK, $MgCl_2$ und $CaCl_2$) Vermehrung und Lichtentwicklung der Leuchtbakterien ermöglichten, ClK sogar noch ein stärkeres Leuchten als ClNa, welches in Gerretsens Versuchen nach 12 Stunden noch überhaupt kein Leuchten bewirkte.

Schliesslich versuchte Gerretsen noch, beide Ionen zu ersetzen und fand, dass keines der untersuchten Salze (KBr, KJ, KNO_3, K_2SO_4, $Ca(NO_3)_2$ und $MgSO_4$) dem Kochsalz an Erzeugung der Leuchtfähigkeit gleich kam; nach 12 Stunden leuchteten die Kulturen überhaupt noch nicht, nur bei $Ca(NO_3)_2$ und $MgSO_4$ ganz schwach, nach 36 Stunden die meisten Kulturen nur schwach. Auch diese Ergebnisse stimmen mit denen von Molisch nicht überein, welcher mit Kaliumnitrat, Jodkalium und Kaliumsulfat sehr gutes Wachstum und Leuchten erhielt; Kalisalpeter soll sogar ein noch stärkeres Leuchten als KCl und NaCl erzeugt haben. Gerretsen selbst schreibt diese Abweichung der Resultate dem Umstande zu, dass mit verschiedenen Bakterienarten experimentiert wurde: Molisch verwandte *Bacterium phosphoreum* und *Bacillus photogenus*, Gerretsen *Photobacterium javanense.* Ferner waren auch die Versuchsbedingungen bei beiden Autoren nicht ganz gleich, denn Molisch ging von einer Nährlösung aus, deren Zusammensetzung genau bekannt war, während Gerretsen eine nicht genau analysierbare Fischbouillon als Stammnährlösung verwendete.

Konzentration. Schon Molisch hatte, wie wir sahen, die Annahme vertreten, dass die Wirkung der notwendigen Salze hauptsächlich eine osmotische sei, d. h. Nährsubstrat und Zellinhalt müssten möglichst isosmotisch sein; im allgemeinen ist etwa 3 % notwendig. Die Leuchtbakterien hätten sich als ursprüngliche Meeresbewohner an diesen hohen Salzgehalt angepasst. Er fand aber auch Arten, die ohne Kochsalz leben konnten.

Nadson (333) machte Beobachtungen an *Photobacterium tuberosum,* das keineswegs 3—3,5 % Salz notwendig gebrauche. Es könne sich in gewöhnlichen Substraten mit 0,5 % Salzgehalt völlig normal entwickeln, wenn die Entwicklung auch etwas langsamer vor sich gehe. Die zwei Wochen alten Kulturen mit 0,5 % Salzgehalt entsprechen in ihrer Entwicklung und ihrem

Leuchten den drei bis vier Tage alten Kulturen mit 3 % Salz. Bei diesen erlischt das Leuchten aber auch entsprechend rascher. Das Salz soll also das Entwicklungstempo beschleunigen, es wirke als stimulierender Faktor.

Auch Issatschenko (233) fand, dass *Bacterium Hippanis,* eine Leuchtbakterie von Süsswasserfischen aus dem südlichen Bug, ebenso stark auf Nährböden mit 0,5 % NaCl leuchte, wie bei 3 % NaCl. Auch bei *Bacterium Chironomi* konnte der Gehalt des Nährbodens an NaCl auf 0,5 % herabsinken, auf Fleisch-Pepton-Agar leuchtete diese Form sogar ohne Beigabe von NaCl.

Ich erwähnte bereits, dass Dubois (125) die Anwesenheit von 3 % NaCl als unbedingt notwendig für das Leuchten der Leuchtbakterien erachtete, oder doch eine isotonische Lösung anderer Salze oder Substanzen.

Harvey (189) berichtet darüber, dass eine dichte Aufschwemmung von Leuchtbakterien in Seewasser nach Verdünnung mit Süsswasser zu leuchten aufhöre, während eine Verdünnung mit isotonischer Rohrzuckerlösung kaum einen Einfluss ausübte. Das Absterben im ersteren Falle sei durch Auflösung der Zellen infolge des niedrigen osmotischen Druckes zu erklären. Dass aber auch bei Verdünnung mit Rohrzuckerlösung die Bakterien nach 24 Stunden aufhörten zu leuchten, beweise, dass etwas Salz doch notwendig sei.

Auch Coulon (67) sah, wie wir hörten, die Bedeutung des Salzes in der Erhöhung des osmotischen Druckes; das Kochsalz könne durch andere den Gefrierpunkt ebenfalls um 1,75° herabsetzende Elektrolyte ersetzt werden (bei *Pseudomonas luminescens*).

Photobacterium phosphorescens soll nach Gerretsen (166) gegen beträchtliche Veränderungen im osmotischen Druck (1—5 % NaCl) sehr unempfindlich sein. Diese Konzentration stellte aber die obere und untere Grenze dar. Bei 5—6 % Salzkonzentration bildeten sich am Boden regelmässige Bakterienkonglomerate (Pseudosarzinen).

Überblicken wir die Gesamtheit dieser Ergebnisse, so müssen wir trotz einiger abweichender Resultate, die Annahme aufrecht erhalten, dass das Salz hauptsächlich durch die Erhöhung des osmotischen Druckes wirkt, dagegen höchstens in ganz geringem Masse als Nährmittel. Die erheblichen Unterschiede in der Konzentration, welche die Leuchtbakterien vertragen können, lassen sich darauf zurückführen, dass verschiedene Bakterienarten zu den Versuchen verwandt wurden, welche vielleicht an verschiedene Salzkonzentrationen angepasst waren und sind. Gerade die beiden Bakterienarten von Issatschenko stammten von Süsswasserfischen, bzw. von Tieren, die am Ufer der Süsswasserflüsse lebten. Auch Kutschers leuchtende Virionenarten stammten aus dem (Hamburger) Leitungswasser. Es handelt sich also höchstwahrscheinlich um Anpassungen der Leuchtbakterien an eine bestimmte Konzentration der Umgebung.

Ich erwähnte bereits, dass Molisch fand, dass Kaliumnitrat in noch höherem Masse als Kochsalz bei *Bacterium phosphoreum* Leuchten hervorrief und Gerretsen konnte zeigen, dass das Natrium durch NH_4 ersetzt werden könne. Diese Tatsachen erscheinen in neuem Lichte, nachdem Chodat und Coulon (57 u. 67) fanden, dass Ammoniumnitrat, Ammoniumtartrat und Kaliumnitrat als Stickstoffquelle zu dienen vermögen, dass also organische Stoffe (Peptone und Albumosen) als N-Quelle nicht unbedingt notwendig sind.

Während die bisher mitgeteilten Versuche sich meist allgemein mit der Frage nach der Bedeutung der Salze und der Ersetzbarkeit des Kochsalzes durch andere Salze beschäftigen, sind auch noch einige weitere Untersuchungen über den Einfluss ganz bestimmter Salzgruppen auf das Leuchten der Leuchtbakterien angestellt worden, und zwar besonders von Zirpolo. Zu seinen Untersuchungen benutzte er den *Bacillus Pierantonii* Zirpolo (vgl. oben S. 189), den er aus den Leuchtorganen eines Tintenfisches (*Sepiola intermedia*) isoliert hatte. Als Stammnährlösung benutzte er eine Sepiabouillon, welche mit Meerwasser angesetzt wurde und der 1% Pepton zugefügt und die durch Natriumcarbonat schwach alkalisch gemacht worden war. Er untersuchte den Einfluss verschiedener Magnesiumsalze (489), und zwar: Magnesiumsalicylat, neutrales Magnesiumcitrat, Magnesiumchlorid. Magnesiumsulfat und Magnesiumtartrat in Verdünnungen von 1—25%. Alle Salze, sogar Magnesiumsalicylat erhöhen die Leuchtintensität und die Dauer des Leuchtens, und zwar in folgender Reihenfolge: Tartrat > Sulfat > Chlorid > neutrales Citrat; am günstigsten erwies sich eine Konzentration von 10%. Tartrat konnte in 1—23% langes und intensives Leuchten hervorbringen. Die Entwicklung schien in den mit Magnesium versehenen Nährböden beschleunigt zu sein. Dieses verstärkte Wachstum gibt sich durch eine grössere Leuchtintensität der gesamten Kultur kund. Bei dauernder Anwesenheit soll das Magnesium auch als Nährmaterial dienen und das erklärt eine längere Dauer des Leuchtens.

Molisch (324) und Gerretsen (166) hatten bereits den Einfluss von $MgCl_2$ und $MgSO_4$ untersucht, von denen das erstere ein kräftiges Leuchten, das letztere dagegen kein oder nur ein schwaches Leuchten bewirkte, während Harvey (189) fand, dass $MgCl_2$, wenn es allein einwirkte, stark giftig war und kein Leuchten hervorrief. Auch Mc Kenney (M. 384) hatte bereits festgestellt, dass Magnesium ebenso stark Leuchten hervorbringen könne wie die Natriumverbindungen. Die Magnesiumsalze scheinen im allgemeinen günstig auf die Entwicklung der Bakterien und die Dauer des Leuchtens einzuwirken.

Schliesslich untersuchte Zirpolo (500) noch den Einfluss von einigen Radiumsalzen, von Uraniumacetat und Thoriumnitrat, welche beide ziemlich den gleichen Einfluss ausübten. Starke Lösungen (Verdünnungen 1:5, 1:10, 1:20 und 1:50) wirkten toxisch, es trat kein Leuchten ein. Bei grösseren Verdünnungen wurde Leuchten beobachtet, sobald ein Tropfen der Leuchtkultur zu den Salzlösungen gegeben wurde; dieses Leuchten verschwand aber nach wenigen Stunden, um dann nach kürzerer oder längerer Zeit wieder aufzutreten, und zwar bei Verdünnungen von 1:100 und 1:200 nach 96 Stunden, bei Verdünnung 1:1000 nach 72 Stunden, bei stärkeren Verdünnungen (1:5000—1:20000000) nach 48 Stunden. Bei stärkerer Salzkonzentration ist also längere Zeit zur Entwicklung der Leuchtbakterien notwendig. Das Leuchten blieb meist ungefähr 135 Tage bestehen, bei stärkeren Konzentrationen etwas weniger.

Bei der Einwirkung dieser beiden Salze wird es sich wohl weniger um eine direkte Salzwirkung handeln, da so ausserordentlich starke Verdünnungen wirksam sind (leider fehlen Angaben über das Verhalten von Kontrollversuchen ohne Salzzusatz!). Auch Zirpolo scheint anzunehmen, dass die von den Salzen ausgehende Emanation das wirksame Prinzip ist, in ähnlicher Weise, wie durch die Radiumstrahlung von Radiumbromid in Röhrchen [Zirpolo (499)] ein erhöhtes Leuchten erzeugt wurde, welches er auf eine Ionisation des Kulturmediums zurückführt.

Auch hier handelt es sich also um eine physikalische und nicht um eine chemische Wirkung. Dass bestimmte Salze noch in anderer Weise auf das Wachsen und Leuchten der Bakterien einen Einfluss ausüben können, zeigen die Untersuchungen von Söhngren (424), welcher einen deutlichen Einfluss kolloidaler Substanzen auf verschiedene mikrobiologische Prozesse feststellen konnte; so wirkte kolloidales Eisenoxyd, Aluminiumoxyd, Siliciumoxyd und die Hinzufügung von Quellungskolloiden günstig auf die Entwicklung von *Azotobacter* ein. Fügte er zu den Kulturen von *Bacterium phosphorescens* Filtrierpapier-Teilchen, so sammelten sich die Bakterien an diesen an. Die Papierteilchen erschienen dann stark leuchtend und als Zentren des Bakterienwachstums. Die Adsorption der Kolloide muss also ebenfalls einen Einfluss auf die Bakterien ausüben.

Wir sahen oben, dass man versucht hat, das NaCl der Nährflüssigkeit durch zahlreiche andere Salze zu ersetzen. Bei verschiedenen von diesen Versuchen hat man leider nicht genügend berücksichtigt, dass gleichzeitig mit der Änderung des Salzzusatzes die Reaktion der Flüssigkeit umschlagen kann, zumal bei manchen Salzen an der Luft Umsetzungen eintreten können, so dass etwa aus einem neutralen Salz ein saures Salz entsteht, wie z. B. beim Ammoniumcarbonat. Auch die Stärke der Dissoziation der betreffenden Stoffe in den Lösungen wird nicht ohne Einfluss sein.

Die grosse Bedeutung der Reaktion des Kulturmediums ist bereits seit langem bekannt. Man nimmt im allgemeinen an, dass das Kulturmedium neutral oder schwach alkalisch sein müsse. Demgegenüber meint Dubois (125), dass gewisse, wenn nicht sogar alle Leuchtbakterien in schwach saurem Medium wachsen könnten, was auf die Fähigkeit der Mikroorganismen zurückzuführen sei, eine alkalische Substanz auszuscheiden, wodurch ein Medium erzeugt würde, das für die Entwicklung und die Leuchtfunktion der Organismen geeignet sei. Er vergleicht diesen Vorgang mit der Ausscheidung von Antitoxinen gegen die Toxine. Säuregehalt sei jedoch der Leuchtfunktion schädlich. Bringt man aber die Bakterien aus dem sauren Medium wieder in schwach alkalisches zurück, so tritt das Leuchten wieder ein, selbst wenn die Bakterien mehrere Monate in saurer Umgebung gewesen sind.

Harvey (189) hat den Einfluss von verschiedenen Säuren und Alkalien auf die Leuchtfunktion der Bakterien experimentell untersucht und kam zu dem Ergebnis, dass sowohl Säuren, wie Alkalien schon in schwachen Konzentrationen die Lichtproduktion hindern, besonders aber gegen Säuren sind die Bakterien empfindlich. So verhinderte bereits n/4000 HCl das Leuchten, während NaOH erst in einer Konzentration von n/1000 an schädlich wirkte. Organische Säuren und Alkalien (Valeriansäure und Methylamin) hatten geringeren Einfluss als die anorganischen Säuren.

Der Einfluss der Ernährung der Leuchtbakterien auf die Leuchtfunktion.

Die sich zum Teil widersprechenden Ergebnisse der Untersuchungen über die Bedeutung und die Ersetzbarkeit der Salze bei den Leuchtbakterien gestatteten uns keine sichere Entscheidung über die Frage, ob und inwieweit die anorganischen Salze als Nährstoffe für die Leuchtbakterien in Betracht kommen. Doch scheint aus der Gesamtheit der Versuche hervorzugehen, dass die Bedeutung als Nährstoff höchstens eine ganz geringe sein kann, dass vielmehr die Salze in der Hauptsache als osmotische Faktoren eine Rolle spielen können.

Im Gegensatz hierzu übt die organische Ernährung der Leuchtbakterien einen erheblichen Einfluss auf den Leuchtvorgang aus. Die meisten Autoren benutzten als Kulturmedien Extrakte und Abkochungen aus Fischen, Fleisch oder anderen organischen Körpern, von denen auch Mangold (280) einige geeignete Nährböden angegeben hat. Bei seinen Versuchen über die Bedeutung der Salze hat schon Molisch (324), wie wir bereits erwähnt haben, eine Zucker-Pepton-Gelatine-Lösung verwendet, welche keinerlei nicht näher bekannte Extrakte aus tierischen Substanzen enthielt. Auch Dubois (125) benutzte mit Vorteil eine Bouillon, die keinerlei kolloidale Substanzen und Extrakte enthielt, sie bestand aus: 100 g gewöhnliches Wasser, 1 g Asparagin, 1 g Glycerin, 0,1 Zentigramm Kaliumphosphat und 3 g Seesalz. Das Glycerin konnte durch Dextrin, Saccharose, Glukose, Dulcit und besonders durch Lactose ersetzt werden.

Über den Einfluss der einzelnen Nährstoffe auf das Leuchten der Leuchtbakterien hatte Beijerinck bereits im Jahre 1890 (M. 39 u. 40) nähere Untersuchungen angestellt (vgl. auch bei 324). Unter den Nahrungsstoffen hat man zwei grosse Gruppen, die Gruppe der stickstoffhaltigen Körper, insbesondere Peptone usw. und die Gruppe der Kohlenwasserstoffe zu unterscheiden. Nach Beijerinck soll es sog. „Peptonbakterien“ geben, welche zu ihrer Ernährung nur das Pepton oder andere eiweissartige Körper nötig haben, während eine zweite Gruppe, die sog. „Pepton-Kohlenstoffbakterien" ausser dem peptonartigen Körper noch eine andere kohlenstoffhaltige Verbindung gebrauchen. So sollen nach seinen neueren Untersuchungen (24) *Photobacterium splendidum* und andere verwandte Meeresvibrionen „Pepton-Mikroben" sein, während *Photobacterium phosphoreum* zu den „Pepton-Kohlenstoffbakterien" gerechnet wird.

Um die Assimilierbarkeit irgend einer Substanz festzustellen, hat Beijerinck (24) inzwischen eine neue Methode angegeben, und zwar benutzt er hierzu die sog. „Aggregationserscheinung", worunter er die Bildung von Anhäufungen in kleinen Gruppen der beweglichen Individuen in flüssigen dünnen Schichten versteht, welche durch bakterienarme Zwischenräume getrennt sind. Diese Aggregation kann durch Hineinbringen kleiner Mengen assimilierbarer Substanzen aufgehoben werden, meist unter gleichzeitiger Aufhebung der Leuchtkraft. Nicht assimilierbare Stoffe (Salze, Rohrzucker) rufen die gleiche Erscheinung nicht hervor.

N-Quelle. Chodat und Coulon (57 u. 67) stellten fest, dass *Pseudomonas luminescens* sowohl organische wie auch anorganische Stoffe als N-Quelle verwenden können, dass Peptone und Albumosen nicht absolut notwendig sind, sondern, wie bereits erwähnt, auch durch anorganische Salze (Ammoniumnitrat oder Tartrat oder Kaliumnitrat) ersetzt werden kann. Die besten Resultate wurden mit Zusatz von 0,16—0,8% Glykokoll erzielt, doch konnten auch Pepton, Alanin, Asparagin oder Harnstoff als Stickstoffquelle verwendet werden.

Andere Versuche wurden mit einem von Seefischen isolierten *Micrococcus* gemacht, welcher in einer mineralischen Bouillon mit 1% Pepton, Glykokoll, Asparagin oder Harnstoff gezüchtet wurde. Die Kultur leuchtete aber nur nach Zusatz von Kohlenwasserstoffen. Es wurden Versuche mit verschieden hohem Prozentsatz von Glykokoll angestellt (0,1—2%); nach 4 Tagen waren Kulturen mit 0,6—0,8% am stärksten leuchtend, während Röhrchen mit 1,2—2% dunkel blieben. Es liess sich auch ein bestimmtes günstiges Verhältnis zwischen dem Prozentgehalt der Stickstoffquelle und der Kohlenwasserstoff-Nahrung feststellen (z. B. 2% Glukose + 0,61% Asparagin).

Dubois (125) meint, dass es nicht die Peptone selbst wären, welche Wachstum und Leuchten der Bakterien förderten, sondern vielmehr die in den Handelsmarken enthaltenen Verunreinigungen, wie Nukleine, Lecithine usw. Diese sollen sich bei der Wärme zersetzen und Phosphor-Glycerinsäure usw. bilden. Wenn man etwas von diesen Zersetzungsprodukten zusetze, könne man ebenfalls schön leuchtende Kulturen erhalten.

In den flüssigen Bouillon-Kulturen sollen nach längerem Aufenthalt aus der Zersetzung der stickstoffhaltigen Verbindungen Exkretstoffe entstehen, Tyrosin, Leucin usw., meist strahlige Kristalle, wie man sie auch in den Leuchtorganen der Insekten beobachten könne; ferner Kristalle von Calciumphosphat, von Ammonium- und Magnesium-Phosphaten. Die Kulturflüssigkeit werde durch die abgesonderten Exkrete schwach sauer.

Fuhrmann (159) züchtete aus Nordseefischen eine Leuchtbakterienart, welche in der üblichen Peptonlösung mit 3% NaCl nicht gedieh, weder mit noch ohne weitere Kohlenstoffquelle, während eine Fleischbrühe-Abkochung vorzügliches Wachstum und Leuchten ergab. Dieses Fleisch-Dekokt wurde näher untersucht und die alkohollöslichen und die alkoholfällbaren Substanzen voneinander getrennt. Die ersteren stellen hauptsächlich sämtliche Fleischbasen dar. Diese ergaben nach Zusatz von 3% NaCl starke Vermehrung und Wachstum der Leuchtbakterien, während die Polypeptide keinerlei Wachstum hervorbrachten. Die Fleischbasen genügten also in diesen Fällen als kombinierte Stickstoff- und Kohlenstoffquelle.

Gerretsen (166) hat ebenfalls eingehendere Untersuchungen über den Einfluss der verschiedenen Stickstoffverbindungen auf das Leuchten der Leuchtbakterien angestellt. Nur Pepton gab starkes Licht, Casein und Albumin noch ziemlich gutes Licht, besonders, wenn diese durch Vorbehandlung mit Trypsin gespalten waren, wonach auch Fibrin Leuchten erzeugte. *Photobacterium phosphorescens* scheint keine derartigen tryptischen Fermente zu besitzen und kann daher diese Stoffe nicht verwenden, während bei *Photobacterium javanense* diese Fermente vorhanden zu sein scheinen. Die Aminosäuren (Guanin, Leucin, Asparagin, Tyrosin, Alanin und Glykokoll) erwiesen sich sämtlich als ungeeignet, das Stickstoffbedürfnis der Bakterien zu befriedigen. Es scheint also doch, wie bereits Beijerinck früher festgestellt hatte, das Pepton für die Ernährung und das Leuchten der Leuchtbakterien besonders wichtig zu sein.

Besonders interessant, auch für die Theorie der Lichterzeugung überhaupt, sind nun die Versuche von Gerretsen, diese Nährstoffe der Leuchtbakterien künstlich auf rein chemischem Wege in sterilisierten Lösungen zum Leuchten zu bringen, in ähnlicher Weise wie Radzizcewski bereits 1880 das Leuchtvermögen verschiedener organischer Substanzen untersucht hatte. Fischbouillon, Albumin, Fibrin, Casein und Pepton, also die gleichen Stoffe, die auch als Nährmaterial für die Leuchtbakterien zu dienen vermögen, gaben nach Kochen mit Kalilauge und Oxydation in Bromwasser ein prächtiges Leuchten, nicht dagegen die erwähnten Aminosäuren. Ohne Kochen oder in saurem Medium wurde kein Leuchten erzielt; es könnten also nicht die Peptone selbst die wirksamen Substanzen sein, sondern vielmehr ihre Spaltungsprodukte. Da aber andererseits die Aminosäuren unwirksam sind, so muss es sich um labile Verbindungen handeln, die zwischen den Aminosäuren und den Eiweissstoffen stehen.

Kohlenstoffernährung. Wir hörten bereits, dass Beijerinck festgestellt hatte, dass gewisse Bakterien ausschliesslich mit Pepton vorzüglich wachsen und leuchten, während andere Arten noch eine besondere Kohlenstoffquelle, meist in der Form von Kohlenhydraten notwendig haben. In seiner neuen Arbeit (24) stellt er fest, dass bei *Photobacterium phosphoreum* das Leuchten durch folgende Kohlenstoffverbindungen begünstigt worden sei: Glukose, Lävulose, Glycerin, Maltose, Asparagin und viele andere Stoffe. Mannit war günstig für *Photobacterium splendidum*, nicht für *Photobacterium phosphoreum*.

Issatschenko (232) fand, dass bei *Bacterium Chironomi* ein minimaler Zuckerzusatz (weniger als 0,5%) das Leuchten begünstigte, ebenso wie Glycerin und Mannit.

Dubois (125) verwandte in seiner Nährlösung Glycerin, Dextrin, Saccharose, Glukose, Dulcite oder Laktose als Kohlenstoffquelle.

Bei seinen bereits erwähnten Züchtungsversuchen mit Seefischbakterienarten in Fleischdekokten konnte Fuhrmann (159) nur in geringem Masse das Wachstum, nicht aber das Leuchten fördern. Ohne Zuckerzusatz war das Leuchten intensiver und länger andauernd. Aus der Dextrose sollen Säuren gebildet werden, die das Leuchten beeinträchtigen. Es handelt sich bei Fuhrmanns Leuchtbakterien augenscheinlich um „Peptonbakterien" im Sinne von Beijerinck.

Chodat und Coulon (57 u. 67) erhielten an *Pseudomonas luminescens* die besten Resultate mit zweiprozentigen Lösungen verschiedener Zuckerarten. Vielatomige Alkohole wie Dulcit, Erythrite und Mannite waren noch stärker wirksam und erzeugten bei gleichem Prozentgehalt etwas früher Leuchten als Saccharose, Galaktose und Maltose. Etwas später begannen die Kulturen mit Xylose und Fruktose zu leuchten, mit Arabinose erst nach 14 Tagen. Für Raffinose und Polygalit war das Ergebnis ganz negativ, für Laktose zweifelhaft.

Der von ihnen gezüchtete Mikrococcus bedurfte zum Leuchten ausser der Peptonbouillon eines Zusatzes von Glukose, Fruktose oder Mannose; Galaktose gab schwächeres Licht. Unter den Pentosen hatte die Xylose ungefähr den gleichen Wert wie die Glukose, während die Arabinose weniger vorteilhaft war. Auch die Disaccharide, Maltose und Laktose riefen Leuchten hervor, nicht dagegen die Saccharose. Dass sich ein bestimmtes Verhältnis zwischen Stickstoffquelle und Kohlenhydratnahrung als besonders günstig erwies, erwähnten wir bereits oben.

Gerretsen (166) fand, dass sowohl *Photobacterium phosphoreum*, wie auch die tropische Varietät *Photobacterium javanense* „Peptonmikroben" darstellen, d. h. ausschliesslich mit Pepton wachsen und leuchten. Durch Zusatz von Zucker (Glukose) entwickelten sich die Bakterien besser als ohne; auch das Leuchten konnte in den Versuchen durch Zucker verstärkt werden, und zwar alle Hexosen, durch Lävulose am stärksten, dann durch Glukose, Galaktose und Maltose. Auch Raffinose übte nach einiger Zeit einen deutlichen Einfluss aus; Saccharose und Laktose hatten geringen Einfluss, der vielleicht auf Verunreinigungen zurückzuführen sei. Die Pentosen, Arabinose und Mannose hatten keine deutliche Wirkung.

Die fördernde Wirkung der Kohlenhydrate führt Gerretsen einmal darauf zurück, dass es sich hierbei um Stoffe handelt, die leichter als das Pepton allein assimilierbar seien. Ferner glaubte er feststellen zu können, dass durch die Zersetzung des Peptons amino- und ammoniakalische Verbindungen entstehen, welche die Entwicklung der Leuchtbakterien hemmen; aus den Kohlenhydraten werden nun aber Säuren gebildet, welche die schädlichen Produkte neutralisieren. Durch Lackmuspapier konnte er auch die entstandene Säure nachweisen. Durch Zusatz von sehr verdünnter Säure ($^1/_2$ ccm $^1/_{100}$ n) konnte er den gleichen günstigen Einfluss, wie durch die Hexosen herbeiführen.

Wir sehen, dass die verschiedenen Leuchtbakterienarten betreffs ihrer Kohlenstoffernährung ziemlich erheblich voneinander abweichen; bei einer Anzahl von Formen genügen die als Stickstoffquelle verwendeten Peptone und verwandten Stoffe bereits, auch das Kohlenstoffbedürfnis dieser Formen zu befriedigen; bei manchen von ihnen wirkt sogar der Zusatz einer weiteren Kohlenstoffquelle, eines Kohlenhydrates schädlich auf die Lichterzeugung ein, vielleicht weil durch die Zersetzung der Kohlenhydrate Säuren entstehen. In der Mehrzahl der Fälle wird aber das Wachstum und das Leuchten durch Zusatz von Kohlenhydraten oder anderen Kohlenstoffverbindungen erheblich gefördert, und zwar sowohl durch Disaccharide, wie auch durch Monosaccharide. Besonders die Hexosen übten einen günstigen Einfluss aus. Die Reihenfolge der Stärke ihrer Wirksamkeit war bei den verschiedenen untersuchten Formen verschieden. Bei einigen Leuchtbakterienarten erhöhten auch die Pentosen (Arabinose und Xylose) die Leuchtintensität, während sie bei anderen Arten keine deutliche Wirkung hervorriefen. Auch die mehrwertigen Alkohole wie Dulcit, Erythrit und Mannit konnten zum Teil als Kohlenstoffquelle Verwendung finden; schliesslich auch Glycerin, Dextrin usw.

Zum Schlusse möge noch erwähnt sein, dass Dubois (125) auch Fette als Nährmaterial für Leuchtbakterien verwendete. Er gibt an, dass er mit Extrakten aus Ölkuchen von öligen Fetten eine gute Bouillon herstellen konnte.

Zikes (492) untersuchte, ob sich vielleicht Bierwürze unter Zusatz von Natriumchlorid zur Aufzucht der Leuchtbakterien und zur Anregung ihrer Leuchtfunktion eigne, und zwar benutzte er *Bacterium phosphorescens* und *Pseudomonas lucifera*. Es zeigte sich jedoch, dass die Zwischen- und Endprodukte der Bierdarstellung sich nicht zur Aufzucht der Leuchtbakterien eignen, auch nicht nach Neutralisation des Nährbodens und nach Zusatz von Salz.

Nicht ohne Einfluss sind andere gleichzeitig mit den Leuchtbakterien auf den Kulturböden lebende Organismen. So wiesen Friedberger und Doepner (156) nach, dass verschiedene Schimmelpilze die Intensität des Leuchtens der Bakterienkultur förderten, und zwar durch die von ihnen erzeugten Umsetzungsprodukte des Nährbodens.

Nadson (333) machte Versuche über das Leuchten der Leuchtbakterien in der Symbiose mit anderen Mikroorganismen, mit *Micrococcus candicus*. Dieser verlangsamte die Entwicklung der Leuchtbakterien, wofür diese aber ihre Leuchtfähigkeit länger beibehielten. Durch diese Hemmung des Entwicklungstempos sei ein rasches Verleben und Entarten verhindert, der normale Zustand würde länger beibehalten, und zu den normalen physiologischen Leistungen dieses normalen Zustandes gehöre auch die Leuchtfunktion.

Die Beeinflussung des Leuchtens durch verschiedenartige Reize.

Das Leuchten der Leuchtbakterien kann durch mannigfache Reize, sowohl chemischer, wie auch physikalischer Natur im fördernden, oder im hemmenden Sinne beeinflusst werden. In diesem Kapitel über die Leuchtbakterien soll auf diese nur kurz hingewiesen werden, um dann später im allgemeinen Teil diese Probleme im Zusammenhang mit den an anderen Organismen gemachten Untersuchungen näher zu erörtern. Es scheint jedoch wünschenswert, auch hier schon auf die einzelnen Untersuchungen hinzuweisen, um eine Übersicht zu haben, welche Beobachtungen im besonderen an Bakterien angestellt sind, denn es liegen eine ganze Anzahl von Untersuchungen über den Einfluss der verschiedenen Reize auf Leuchtbakterien vor.

Einfluss chemischer Reize. Unter dieses Kapitel hätten wir eigentlich auch die Ernährung der Leuchtbakterien zu rechnen, welche, wie wir sahen, einen nicht unerheblichen Einfluss auf das Leuchten dieser Mikroorganismen ausübt. Da die Ernährung aber nicht allein als Reizwirkung aufgefasst werden kann und auch sonst grosse Bedeutung besitzt, haben wir die Ernährung bereits ausführlicher im Vorhergehenden behandelt. Auch der Sauerstoff wirkt nicht lediglich als Reiz; wir haben ihn vielmehr nach unseren jetzigen Anschauungen über die Theorie der Lichtentstehung als einen ursächlichen Faktor des Leuchtens selbst anzusehen.

Dass Luft und besonders der in der Luft enthaltene Sauerstoff für das Leuchten der Bakterien notwendig ist, hatte man bereits sehr früh erkannt; schon aus dem 17. Jahrhundert liegen Beobachtungen hierüber vor. Beijerinck (M. 38) hat diese Beziehungen dann später eingehend untersucht. Auch in seiner neuen Arbeit (24) kommt er noch einmal auf das Problem zu sprechen. Da die in der Tiefe liegenden Kolonien von Leuchtbakterien wachsen, jedoch nicht leuchten, während die oberflächlichen, die mit dem Sauerstoff der Luft in Berührung stehen, leuchten, so müssen Wachsen und Leuchten unabhängige Funktionen sein; die für die Lichtentwicklung erforderliche Sauerstoffspannung muss grösser sein als die für das Wachstum notwendige. Andererseits kann auch infolge des vollen Sauerstoffdruckes der Luft an der Oberfläche der Agar-Kulturen Degeneration eintreten. Die Leuchtbakterien sind „mikro-aerophil". Auch die bereits erwähnte Aggregationserscheinung (vgl. S. 200) wird von Beijerinck durch diese Mikroaerophilie gedeutet: Durch die Ansammlung sollen sich die Bakterien einander gegen zu hohe Sauerstoffkonzentration schützen. In gleicher Weise wie das Leuchten ist auch die Trypsinwirkung, d. h. die Verflüssigung der Gelatine von dem Sauerstoffdruck abhängig.

Lode (274) gibt eine kurze Übersicht über die verschiedenen Methoden, wie man die Abhängigkeit des Leuchtens der Leuchtbakterien von der Sauerstoffzufuhr demonstrieren kann; meist schon bekannte Methoden (vgl. 324 und 280). Auch durch Einwerfen von porösen lufthaltigen Körpern, wie Bimsstein oder Platinschwamm in durch Luftmangel nicht mehr leuchtende Röhren tritt ein Leuchten der Mikroorganismen in der Umgebung der Sauerstoffträger für längere Zeit ein.

In ähnlicher Weise wie es bereits 1889 Beijerinck (M. 38) getan hatte, benutzte auch Baldasseroni (11) die Sauerstoffempfindlichkeit der Leuchtbakterien dazu, um die Assimilationsfähigkeit von getrockneten und pulverisierten Blättern verschiedener höherer Pflanzen mit positiven Ergebnis nachzuweisen.

Auch die Beobachtung von Dubois (125), dass reduzierende Körper wie hydroschweflige Säure, Sulfite usw. das Leuchten unterdrücken, sprechen für die Bedeutung des Sauerstoffes.

De Coulon (67) machte eingehende Untersuchungen über die Bedeutung des Sauerstoffes für das Leuchten von *Pseudomonas luminescens*. Die für das Leuchten erforderliche Menge Sauerstoff ist sehr gering, bereits 0,004 cmm Sauerstoff genügen, um eine Bakterienkultur von 1 ccm Volumen eine Minute lang leuchtend zu erhalten. Die Leuchtfähigkeit kann sowohl durch molekularen, wie durch aktiven Sauerstoff angeregt werden. Da Peroxydasen ohne Wasserstoffperoxyd allein die Lichtdauer nicht zu verlängern vermögen, so könne in *Pseudomonas* auch kein Peroxyd vorkommen, welches Wasserstoffsuperoxyd zersetzen könne.

Der Sauerstoff muss in die Zelle eindringen: Stoffe wie Methylenblau, welche durch Reduktion Sauerstoff liefern können, werden adsorbiert; im Innern der Zelle gibt die Substanz ihren Sauerstoff ab, sie wird reduziert und die farblose Substanz wird wieder nach aussen abgegeben, wo sie sich bei Luftzutritt von neuem oxydieren und bläuen kann.

De Coulon weist von neuem darauf hin, dass zwischen Atmung und Leuchtfähigkeit keine Abhängigkeit bestehe, eine Ansicht, welche schon früher eingehend von Pfeffer (M. 474) und Molisch (324) vertreten worden war. Alle, die verschiedenen Versuche, die teils schon mitgeteilt sind und die wir zum anderen Teil noch kennen lernen werden, bei denen unter dem Einfluss der verschiedenartigsten Kulturbedingungen, wohl noch eine deutliche Vermehrung und Entwicklung der Bakterien eintritt, dagegen aber kein Leuchten mehr vorhanden ist, zeigen auf das deutlichste, dass eine innige Verkettung zwischen Atmungsprozess und Leuchten nicht bestehen kann.

Dass der Sauerstoff für das Leuchten der Leuchtbakterien unumgänglich notwendig ist, dass sich also beim Leuchtprozess gewisse Oxydationsvorgänge abspielen, kann nach den zahlreichen Versuchen nicht mehr zweifelhaft erscheinen. Man hat nun versucht, Enzyme nachzuweisen, welche diesen Oxydationsvorgang befördern, sog. Oxydasen. Derartige Versuche sind von Lehmann und Sano (268) angestellt worden. Die Oxydasen wurden durch Bläuung von Guajakharzlösung, durch Rotfärbung von Barbadosaloe und durch Braunschwarzfärbung von Tyrosin nachgewiesen. (Diese letztere tritt nicht bei allen Oxydasen ein.) Eine deutliche Braunfärbung zeigten Kulturen von *Bacterium phosphoreum* nach Zusatz von 0,5 % Tyrosin. Die Intensität der Braunfärbung war von der Menge des zugesetzten Tyrosins abhängig. Es wurde versucht, die Oxydasen zu isolieren, indem zerriebenen Agarkulturen durch Glycerin oder durch Wasser die Fermente entzogen wurden und die Wirkung ihrer Filtrate gegen verschiedene Oxydase-Reagenzien geprüft wurde. Eine Tyrosinase konnte aber nicht abgetrennt werden.

Auch Gerretsen (166) versucht das Vorhandensein einer Oxydase nachzuweisen, indem er nach der Methode von Dubois verfuhr. Zentrifugierte Bakterienmasse wurde mit Quarzsand zerrieben, während ein anderer Teil zwei Minuten lang auf 56° C erwärmt wurde. Nach Zusammenbringung der beiden vorbehandelten Präparate, tritt bei *Photobacterium phosphorescens* keinerlei Aufleuchten ein, bei *Photobacterium javanense* dagegen für kurze Zeit ein schwaches Aufleuchten. Die Ursache dieses Gegensatzes konnte nicht aufgeklärt werden; daher sei es auch noch kein vollständiger Beweis für das Vorhandensein eines oxydierenden Fermentes. Durch Wasserstoffsuperoxyd oder durch Kaliumpermanganat gelang es nicht, die Leuchtstoffe wieder aufleuchten zu lassen. Für das Vorhandensein einer Oxydase spreche aber die Tatsache, dass Zucker zu Säuren oxydiert werde.

Auch Harvey (207, S. 103 und Nr. 191) vermochte nicht, die Oxydationsleuchtenzyme aus den Leuchtbakterien zu isolieren. Aus der Tatsache, dass es bisher nicht gelungen ist, die Oxydasen aus den Leuchtbakterien zu extrahieren, darf jedoch nicht geschlossen werden, dass dieselben überhaupt nicht vorhanden sind, da wir ja auch noch manche andere Fermente aus den Zellen noch nicht haben isolieren können; im Gegenteil die Mehrzahl unserer bisherigen Beobachtungen spricht doch für das Vorhandensein von oxydaseartigen Fermenten innerhalb der Zelle der Leuchtbakterien.

Einfluss von Narkotizis auf das Leuchten der Leuchtbakterien. Von anderen chemischen Stoffen hat man vor allem den Einfluss verschiedener Narkotika und anästhesierender Substanzen untersucht.

Ballner (12) prüfte die Wirkung von Äther und Chloroform, mit denen er eine Art Narkose der Leuchtbakterien erzielte, d. h. die Leuchtkraft erlosch allmählich und schliesslich ganz, um aber nach Schwenken der Kulturplatten an der Luft wieder zu erscheinen. Chloroform wirkte stärker als Äther. Auch Ätherdämpfe, die mit Luft untermischt waren, brachten das Leuchten zum Verschwinden; daher könne nicht das Fehlen des Sauerstoffes die Ursache sein, wir müssten vielmehr eine Lähmung gewisser Funktionen der Zelle annehmen. In ähnlicher Weise hat Molisch (323) den Einfluss von Tabakrauch auf *Pseudomonas lucifera* untersucht. Binnen einer halben bis einer Minute nach Einfluss des Reizes erlosch das Licht vollständig, um nach 1—2 Minuten wieder zu kehren, wenn man das verwendete Fliesspapier mit den Bakterien in reines Seewasser brachte. Es scheint auch hier eine Art Narkose durch den Tabakrauch vorzuliegen.

Dubois (125, S. 27) gibt an, dass durch Anästhetika wie Äther und Chloroform das Leuchten der Bakterien augenblicklich erlösche, wenn die Substanzen stark und lang wirken, indem die Bakterien abgetötet würden; durch vorsichtige Behandlung könne man jedoch ausschliesslich das Leuchten zum Stillstand bringen. Schliesslich gelang es sogar, die Bakterien so zu gewöhnen, dass sie auch in Ätherdämpfen leuchteten.

Auch Harvey (189) stellte fest, dass nach Zusatz von Toluol, Benzol, Äther, Chloroform, Schwefelkohlenstoff, Tetrachlorkohlenstoff und Äthylbutyrat das Leuchten fast augenblicklich aufhörte, während durch Tannin, Chloralhydrat, Vanilin und Natrium-Glykocholat das Leuchten im Verlauf von einer Stunde verschwand; Saponin, Amygdalin und taurocholsaures Natrium übten gar keinen Einfluss aus. Die verschiedenen Alkohole (Methyl-, Äthyl-, Propyl-, Isobutyl-, Amyl- und Kapryl-Alkohol) übten auf das Leuchten der Leuchtbakterien eine hindernde und anästhesierende Wirkung aus; es war jedoch ein reversibler Vorgang, da nach Verdünnung mit Seewasser die Lichterzeugung von neuem begann. 1921 gibt Harvey (209) an, dass Leuchten einer Emulsion aus den Leuchtorganen zweier Fischarten (*Photoblepharon* und *Anomalops*) nach Zusatz von 0,5—1 % Natriumfluorid ausgelöscht wurde und auch Kaliumcyanid übte einen hindernden Einfluss aus, und zwar in ungefähr derselben Konzentration wie bei Leuchtbakterien. Dieses entsprechende Verhalten betrachtet dann Harvey als einen weiteren Wahrscheinlichkeitsbeweis für die Annahme, dass das Leuchten dieser beiden Fischarten auf Infektion mit Leuchtbakterien zurückzuführen sei.

Chodat und Coulon (57 u. 67) geben an, dass durch Zusatz von schwachen Dosen von Cyankalium (0,1—0,2 ccm einer 1%igen Lösung) eine Verlängerung des Leuchtens von Bouillonkulturen von *Pseudomonas lucifera* und eines Mikrococcus ohne Verminderung der Intensität eintrat. Diese anregende Wirkung auf die Dauer des Leuchtens wird durch die Annahme erklärt, dass das Cyanid als Co-Ferment wirke, in ähnlicher Weise wie HCN bei der Katalyse der Oxydation der Ameisensäure durch H_2O_2 (Loewenhart). Ähnlich günstig wirkt Äther auf die Leuchtdauer ein.

Auch Methyl- und Äthyl-Alkohol sollen nach den Verfassern das Leuchten verlängern, doch sei die Kurve ihrer Wirksamkeit etwas anders, mit einem spitzen Gipfel und dann schnell wieder abfallend. Die wirksamste Dosis war beim Äthylalkohol 9% (67: 6,2%), beim Methylalkohol 14% (67: 10% Vol.). Diese Konzentration entspricht derjenigen, welche nach der Overton-Czapekschen Theorie am stärksten die Halbdurchlässigkeit vermindere, indem sie die Oberflächenspannung des Wassers von 1 auf 0,6—0,7 herabsetze. Durch diese Verminderung der Semipermeabilität sei es möglich, dass der Sauerstoff in die Zelle eindringen könne, wodurch die Leuchtdauer verlängert werde.

Zirpolo (497) untersuchte den Einfluss von Morphiumhydrochlorat und Chloralhydrat auf das Leuchten von *Bacillus Pierantonii* Zirp. (vgl. S. 189). Chloralhydrat brachte in Verdünnung 1:10 das Licht nach 4 Stunden zum Erlöschen, 1:50 nach 24 Stunden, 1:100 und 1:150 nach 48 Stunden, während noch stärkere Verdünnung (bis 1:20000000) keinen Einfluss auf das Leuchten ausübten. In der Bouillon, zu welcher Chloralhydrat in Verdünnung 1:5 bis 1:500 getan war, entwickelten sich die Leuchtbakterien nicht; in der Verdünnung 1:1000 erschien das Licht am 6. Tage nach der Impfung; bei Verdünnung 1:1500 bis 1:20000000 erschien bereits deutliches Licht nach 24 Stunden.

Morphiumhydrochlorat hatte in allen seinen Konzentrationen auf das Leuchten bereits leuchtender Kulturen keinen sichtbaren Einfluss, wohl aber auf die Entwicklung der Bakterien. In Bouillon mit Zusatz von 1:5 bis 1:20 Morphiumhydrochlorat trat nach Impfung keine Entwicklung der Leuchtbakterien ein; bei Verdünnung 1:50 erschien das Licht nach 5 Tagen, bei 1:100 bis 1:200 nach 2 Tagen, bei 1:1000 bis 1:20000 nach 24 Stunden. Beim Chloralhydrat ist also die Giftwirkung auf die Leuchtbakterien erheblich stärker als beim Morphiumhydrochlorat. Die Intensität des Lichtes war nach Zusatz der Reagenzien oft stärker als ohne diese Stoffe. Chloralhydrat bewirkt auch eine Formveränderung der Bakterien, nicht dagegen Morphiumhydrochlorat.

Aus diesen verschiedenen Versuchen geht, abgesehen von einigen Abweichungen, die auf die Verschiedenheit des verwendeten Materials zurückgeführt werden mögen, hervor, dass die verschiedenen Narkotika, in sehr schwachen Konzentrationen angewendet, einen fördernden Einfluss auf die Dauer des Leuchtens und zum Teil auch auf seine Intensität auszuüben vermögen; dass bei stärkeren Konzentrationen aber eine Art Narkosewirkung eintritt: die Leuchtfunktion hört auf, um aber nach Entfernung des schädlichen Agens wiederzukehren. Ganz starke Konzentrationen bedingen dagegen ein Absterben der Zellen und damit auch ein Aufhören der Lichtproduktion.

Einwirkung physikalischer Reize auf das Leuchten der Bakterien. Über die Temperaturgrenzen für das Leuchten der Leuchtbakterien liegen einige neuere Angaben vor. Für *Bacterium phosphoreum* Cohn (=*Photobacterium sacrophyllum* Dubois) gibt Dubois (125) als Optimum 12° C an, 20° wurde noch gut ertragen; bei rascher Temperaturerhöhung erbleicht das Licht der Kultur zwischen 30 und 40°, um bei 50° endgültig zu erlöschen. Bei schneller Temperaturerniedrigung wird die Lichtintensität bei —3° vermindert; die Bouillon blieb bis —7° leuchtend, bei welcher Temperatur die Bouillon bereits gefroren war. Molisch (324) hatte für die gleiche Bakterienart 16—18° als Optimum, 28° als Maximum und —5° C als Minimum angegeben. *Photobacterium phosphorescens* lasse sich an eine Temperatur von 35° C anpassen, wodurch das Leuchten, das beim Menschen und an höheren Tieren beobachtet ist, zu erklären sei.

Chodat und Coulon (57) gaben als Optimum für den von ihnen untersuchten leuchtenden Mikrococcus 14° C, als Minimum 0° C und das Maximum oberhalb von 25° an. Beijerinck (24) macht entsprechende Angaben für *Photobacterium luminosum,* deren Temperaturoptimum bei 15—18° C liegen soll. Bei *Photobacterium splendidum* lag das Temperaturoptimum für das Leuchten bei 23—25°, das Wachstumsoptimum bei 28—30° C. Bei 37° wird das Wachstum langsam; aber selbst kurzdauerndes Erhitzen auf 44—50° rief keine wesentlichen Veränderungen und Störungen hervor. Wurde diese Bakterienart oberhalb der optimalen Leuchttemperatur bei 30—32° C mehrere Tage lang gezüchtet, so trat „Mutation“ ein, d. h. es traten halbdunkle oder ganz dunkle „Mutanten“ auf. Durch Kultur bei niedrigerer Temperatur, bei 15—17° (und reichlicher Ernährung) nahm aber die Leuchtkraft wieder zu. Diese Veränderungen haben wir bereits oben näher erörtert. Harvey (184) züchtete Leuchtbakterien, die er von einem Fisch isoliert hatte (die Spezies ist nicht angegeben), auf Baumwollstreifen, die mit Kulturflüssigkeit getränkt waren. Wurde die Temperatur langsam erhöht, so wurde das Licht bei 30° dunkel, bei 34° sehr dunkel und verschwand bei 38°; bei Herabsetzung der Temperatur wurde das Licht bei 0° schwächer, bei —7° sehr schwach und verschwand bei —11,5° vollständig. Wurden die Kulturen wieder auf Zimmertemperatur gebracht, so leuchteten die vorher auf 38° erwärmten Kulturen wieder auf, aber nur schwach, die abgekühlten dagegen stark.

Einfluss von Licht und Radiumstrahlen auf das Leuchten der Leuchtbakterien. Nachdem man den grossen Einfluss, welchen das Licht, besonders das ultraviolette Licht und die Radiumstrahlen auf lebende Zellen und besonders auf Mikroorganismen ausüben, kennen gelernt hatte, lag es nahe, diese Methode auch auf die Leuchtbakterien anzuwenden.

Lode (274) weist nur auf die grosse Empfindlichkeit der Leuchtbakterien gegenüber den Strahlen der Sonne hin. De Coulon (67) fand, dass die Leuchtkraft von *Pseudomonas luminescens* durch kurzwelligere und brechbarere Strahlen (grün und violett) verstärkt wurde, während die langwelligeren und weniger brechbaren (rosa und rot) umgekehrten Einfluss ausübten.

Über die Wirkung ultraviolettem Lichtes auf die Leuchtbakterien stellte Gerretsen [165 u. 166; vgl. auch Beijerinck (23)] Untersuchungen an. Durch die Bestrahlung mit ultravioletten Licht gelang es ihm, das Reproduktionsvermögen der Bakterien zu zerstören, ohne dadurch die Leuchtfunktion zu beeinträchtigen. Als Lichtquelle benutzte er eine Quarzamalgamlampe von Heraeus, 110 Volt, 4—5 Amp., mit der er seine Kulturen von *Photobacterium phosphorescens* auf Fischgelatineplatten in 35 cm Entfernung bestrahlte. Nach 10 bis 120 Sekunden dauernder Belichtung wurden die Schalen mit den Kulturen geschlossen und bei 20° C aufbewahrt und die sich entwickelnden Kolonien später gezählt.

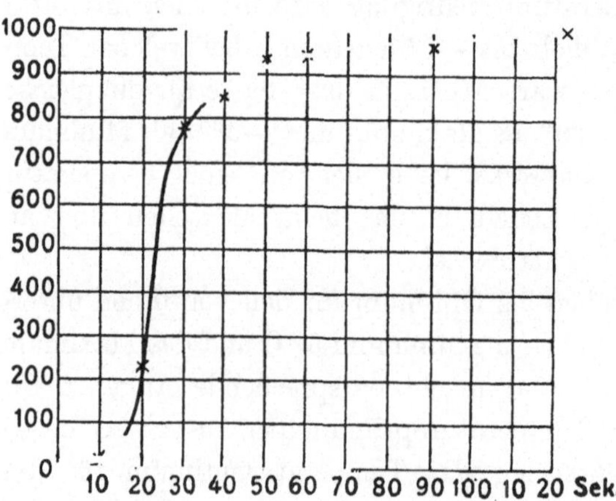

Abb. 2. Absterbekurve der Leuchtbakterien nach Bestrahlung mit ultraviolettem Licht. (Nach Gerretsen 166.)

Er erhielt dabei folgende Absterbe-Kurve (Abb. 2):

Die Abzisse enthält die Bestrahlungszeit in Sekunden, die Ordinate die Anzahl der getöteten Zellen (von je 1000 Stück). Bereits nach einer Einwirkungsdauer von 2 Minuten hatten alle Bakterien ihr Reproduktionsvermögen verloren, was Gerretsen auf photochemische Veränderungen zurückführt, die während der Bestrahlung im Protoplasma eintreten.

Wurde nun Glas, Miko, Zelluloidfilm oder $^1/_{10}$ mm dicke Gelatineplättchen dazwischen geschaltet, so blieb die Wirkung der Bestrahlung aus; der wirksame Teil des Lichtes war also abgefangen, er muss daher aus kurzwelligen Strahlen bestehen. Besonders deutlich waren die Versuche, bei denen nur ein Teil der Kultur durch Glasstreifen bedeckt wurde. Wurde die Belichtung der Fischgelatineplatten vor der Impfung mit Leuchtbakterien vorgenommen, so entwickelten sich bei nachheriger Impfung die Bakterien ebensogut wie ohne Bestrahlung; es kann also nicht lediglich eine Veränderung des Substrates durch die Bestrahlung die Ursache sein.

Im Tageslicht gezüchtete Kulturen wiesen eine etwas grössere Widerstandsfähigkeit auf als die im Dunklen gezogenen; vielleicht waren in diesen die allerempfindlichsten Bakterien bereits abgetötet, so dass wir keine wirkliche Zunahme der Resistenz hätten. Es zeigte sich weiter, dass die Absterbezeit im umgekehrten Verhältnis zur Belichtung und im direkten Verhältnis zu den Quadraten der Entfernung bis zur Lampe stand.

Während der schädigende Einfluss der Bestrahlung mit ultraviolettem Licht auf das Wachstum und das Teilungsvermögen der Leuchtbakterien offensichtlich ist, wurde die Leuchtfähigkeit dadurch in keiner Weise beeinträchtigt. Nach der Bestrahlung leuchteten die bestrahlten Teile ebensogut wie die unbestrahlten, wenn ein Teil der Kultur durch einen kleinen Schirm bedeckt gewesen war. In einigen Fällen leuchtete sogar der bestrahlte Teil noch etwas intensiver als der unbestrahlte, was Gerretsen durch die Annahme erklärt, dass durch die Belichtung im Kulturmedium minimale Spuren von Sauerstoff entstanden seien.

Oker-Blom (351) experimentierte zwar nicht direkt mit Leuchtbakterien, stellte aber an anderen Bakterienarten fest, dass die keimvernichtende Wirkung der ultravioletten Strahlen nicht in einer Salpetrig-Säure-, bzw. Ozon- oder Wasserstoffsuperoxydwirkung begründet sei, dass es sich vielmehr dabei um eine direkte Wirkung der kurzwelligen Strahlen auf die Bakterien, bzw. auf das lebende Protoplasma handele, was ja ebenfalls aus Gerretsens Versuchen hervorzugehen scheint.

Beijerinck (24) gibt noch an, dass die Bakterien ebenso wie durch das Licht der Quarzlampe auch durch direktes Sonnenlicht, sowie durch Radium- und Mesothoriumstrahlung nekrobiotisch gemacht werden könne; dann werden die Kulturen natürlich auch dunkel, bei kurzer Bestrahlung erst nach 24 Stunden, bei längerer Bestrahlung schon nach 2 Stunden.

Eingehender haben sich mit der Frage der Einwirkung der Radiumstrahlen auf Leuchtbakterien Omeliansky und Zirpolo beschäftigt.

Omeliansky (359) fasst die Ergebnisse der bisherigen Forschungen über den Einfluss der Radiumstrahlen auf andere Mikroben dahin zusammen, dass je nach Stärke und Dauer der Einwirkung die Entwicklung der Bakterien aufgehalten, oder dass diese ganz abgetötet würden. Seine eigenen Versuche stellte er an *Photobacterium Italicum* an. Die mit Leuchtbakterien geimpften Kulturplatten wurden umgedeckt und das Radiumpräparat in 3—5 mm Entfernung darunter gelegt; eine Kontrollplatte wurde ohne Radium entsprechend aufgestellt. Am Tage nach der Impfung begannen die beiden Platten zu leuchten, oberhalb des Radiumfensterchens war aber ein dunkler Kreis zu sehen, während die diesem dunklen Kreise benachbarten Stellen besonders intensiv zu leuchten schienen. Auch bei diesen Versuchen war die

Ursache nicht eine chemische Veränderung des Substrates, sondern eine unmittelbare Einwirkung auf den Bakterienkörper; soweit die Wirkung der Radiumstrahlen gereicht hatte, war das Wachstum zum Stillstand gekommen. Wurde eine helleuchtende Platte der Wirkung der Radiumstrahlen unterworfen, so war äusserlich keine Wirkung zu erkennen; also auch auf die chemische Tätigkeit der Bakterien wird nur eine schwache Wirkung ausgeübt, nur die Entwicklung wird verhindert. Dazwischenschaltung von Glas und Glimmer hatte keinen Erfolg, wohl aber von dünnen Aluminiumplatten. Bei zunehmender Entfernung des Radiumpräparates nimmt die Wirkung ab. Bei 5 mm Entfernung wurden durch 5-stündige Einwirkung alle Leuchtbakterien abgetötet; bei kürzerer Einwirkung starben die Bakterien nur zum Teil oder zeigten nur eine Schwächung ihrer Lebenstätigkeit.

Zirpolo (499) tauchte eine Kapsel mit einem Dezigramm Radiumbromid von ungefähr 1000 Wirksamkeit in Röhrchen mit leuchtender Sepia-Bouillonkulturen von *Bacillus Pierantonii* Zirp. (vgl. S. 189). Blieb das Radiumpräparat 24 Stunden in der Kultur, so waren noch keine Veränderungen wahrzunehmen; blieb es jedoch 48 Stunden liegen, so bemerkte man am folgenden Tage eine deutliche Verstärkung der Lichtintensität. Die grössere Intensität gegenüber dem Kontrollglas erhielt sich bis in den folgenden Monat. Im Kontrollglas verschwand das Licht nach 56 Tagen, in dem bestrahlten dagegen erst nach 74 Tagen. Weitere Versuche mit abgeänderter Dauer der Einwirkungszeit hatten ganz entsprechende Ergebnisse; auch wenn das Radiumpräparat dauernd liegen blieb. Zirpolo führt die Verstärkung des Lichtes auf chemisch-physikalische Vorgänge, d. h. auf eine Ionisation des Mediums zurück, welche durch die Bestrahlung des Radiumbromids verursacht sei. Die Versuche, welche Zirpolo (500) mit Uraniumacetat und Thoriumnitrat anstellte, haben wir bereits bei der Besprechung der Einwirkung der Salze erwähnt (S. 197), deren Wirkung Zirpolo auch auf eine von ihnen ausgehende Emanation zurückzuführen geneigt ist.

Omeliansky fand, dass durch Bestrahlung mit einem Radiumpräparat das Licht der Leuchtbakterien ausgelöscht wurde, während Zirpolo sogar eine Verstärkung des Lichtes nach der Bestrahlung feststellen konnte. Diese Ergebnisse widersprechen sich also ziemlich stark; die Abweichung liesse sich vielleicht darauf zurückführen; dass verschiedene Bakterienarten zu den Versuchen verwendet wurden, wahrscheinlicher ist aber die Ursache der Verschiedenheit der Wirkung in einer verschiedenen Wirksamkeit des Radiumpräparates zu suchen. Die Angaben über die Stärke der angewendeten Präparate sind leider zu ungenau, als dass Vergleiche möglich wären. Doch scheint es mir nach den bisherigen Versuchen sehr wahrscheinlich, dass die Radiumstrahlung bei schwacher oder kurzer Einwirkung nur die Entwicklung der Bakterien hemmt, ohne die Leuchtfunktion wesentlich zu beeinträchtigen, sie vielleicht sogar verstärken kann, dass dagegen bei intensiverer oder längerer

Bestrahlung ausser der Entwicklungshemmung auch ein Aufhören des Leuchtens eintritt; schliesslich sogar ein Absterben der Zellen. Wenn sich diese Annahme durch weitere Versuche noch stärker stützen liesse, so hätten wir bei der Radiumbestrahlung ganz ähnliche Verhältnisse, wie bei der Bestrahlung mit ultraviolettem Licht vor uns, wo ebenfalls die Leuchtfunktion durch schwächere Dosen nicht beeinträchtigt, wohl aber das Wachstum der Bakterien, durch starke Dosen dagegen auch das Leuchten zum Stillstand kommen kann und die Mikroorganismen nekrobiotisch werden.

Eigenschaften des Bakterienlichtes.

Die Farbe des Bakterienlichtes gibt Dubois (125) für *Photobacterium sarcophyllum* Dubois (= *Bacterium phosphoreum* Cohn) als blau-grünlich

Abb. 3. Aufnahme von auf toten Heringen wachsenden, leuchtenden Bakterien im eigenen Lichte. Original-Aufnahme von Prof. Rosen, Breslau.

auf Schweinefleisch, und als weiss auf Nährboden von Peptongelatine an. Der Salzgehalt übe einen Einfluss aus und auch das Alter der Kultur ändere Intensität und Farbe. Die gleiche Art könne weisses, bläuliches, orangefarbenes, gelbes oder grünes Licht aussenden. Forsyth (154) bezeichnet die Farbe als grünlich-blau.

Dass die von den Leuchtbakterien ausgesandten Strahlen auf die photographische Platte einzuwirken vermögen, ist bereits seit längerer Zeit bekannt, und zwar gelingt es, sowohl verschiedenartige Gegenstände im Bakterienlichte zu photographieren, als auch Bakterienkulturen in ihrem Eigenlichte aufzunehmen. Sehr schöne derartige Aufnahmen gibt Molisch in seinem Buch (324). In ähnlicher Weise, wie man leuchtende Bakterienkulturen im Lichtbild wiedergeben kann, ist es auch möglich, die auf ihrem natürlichen

Substrat, auf toten Fischen oder Fleisch sich entwickelnden Leuchtbakterien in ihrem eigenen Lichte aufzunehmen. Eine derartige Aufnahme von auf toten Heringen wachsenden Leuchtbakterien kann ich dank der Freundlichkeit von Herrn Prof. Rosen hier beifügen (Abb. 3). Diese Aufnahme gibt ein sehr schönes Bild von dem Aussehen leuchtender toter Fische.

Das sichtbare Spektrum der Leuchtbakterien ist durch die Untersuchungen verschiedener Forscher, besonders von Forster (M. 202) und Molisch (324), ziemlich genau bekannt, zumal gute spektroskopische Aufnahmen vorliegen. Nur die Frage, inwieweit das Bakterienlicht noch Strahlungen enthält, die ausserhalb des sichtbaren Teiles liegen, ist wieder von neuem in Angriff genommen. Forsyth (154) belichtete besonders empfindliche photographische Platten durch ein Quarzspektroskop 46 Stunden lang. Es ergab sich ein kontinuierliches Spektrum, das sich von einer Wellenlänge von 500 μ (untere Grenze der Empfindlichkeit der Platte) bis zu einer Wellenlänge von 350 μ erstreckte. Danach wären also ultraviolette Strahlen bei den Leuchtbakterien vorhanden. Doch steht Forsyth mit dieser Annahme ziemlich allein.

Mc Dermott versuchte den Nachweis der ultravioletten Strahlen bei *Pseudomonas lucifera*, Molisch mit Hilfe von P-Amino-ortho-sulpho-benzoesäure, welche im ultravioletten Licht fluoresziert, aber beide mit negativem Erfolge. Molisch (324) photographierte eine Bakterienkultur sowohl durch Quarz, wie durch Glasobjektträger hindurch, von denen die letzteren die ultravioletten Strahlen absorbieren, konnte jedoch keinen Unterschied in der Einwirkung auf die photographische Platte feststellen. Es scheinen doch im Bakterienlicht ultraviolette Strahlen nicht vorhanden zu sein oder höchstens in ganz geringer Menge.

Auf der anderen Seite wurde die Frage erörtert, ob die Bakterien vielleicht noch Strahlen aussenden, die den Röntgenstrahlen oder Becquerelstrahlen vergleichbar sind, d. h. Strahlen, die durch für unser Auge undurchsichtige Körper auf die photographische Platte einwirken können. Das Vorhandensein derartiger Strahlen ist von Dubois behauptet worden (104 u. 116) und auch in seinem 1914 erschienenen Buch (125) beharrt er bei dieser Behauptung. Durch Körper, die für unser Auge undurchsichtig seien, z. B. dünne Holzblättchen und Kartonblätter könne das Licht nach 20—26 Stunden hindurchdringen, nicht dagegen wie die X-Strahlen durch Aluminiumblätter.

Molisch (324, S. 162—169) hatte in eingehenden Untersuchungen diese Ergebnisse nachgeprüft, und zwar mit ganz negativem Ergebnis. Er konnte dagegen zeigen, dass durch bestimmte Kartonsorten und durch Holz auch ohne Bakterienlicht eine Schwärzung der empfindlichen Schicht der Platte eintritt, wodurch er die abweichenden Ergebnisse von Dubois erklären zu können glaubt. In neuester Zeit hat Williamson (487 a) die Wirkung von Holz auf photographische Platten näher untersucht. Je nach den verwendeten Holzarten war entweder das Frühholz aktiv und das Spätholz inaktiv oder umgekehrt. Erhöhung der Temperatur wirkte begünstigend. Auch Harvey (207, S. 61f.) ist von der Richtigkeit der Erklärung von Molisch überzeugt. X-Strahlen oder ähnliche Strahlen, welche undurchsichtige Körper zu durchdringen vermögen, und dann auf die photographische Platte einwirken können, würden nicht von den Leuchtbakterien ausgestrahlt.

Betreffs der Intensität des Lichtes gibt Dubois (125, S. 33) an, dass er bei seinen Bakterienlampen mit dunkel adaptiertem Auge deutlich Buchstaben lesen und alle Gegenstände im Zimmer unterscheiden konnte, wie bei dem Schein eines Nachtlichtes. Das Licht entspreche einem guten Mondschein. Genauere Messungen hatte bereits Lode (M. 359) mit Hilfe des Bunsenschen Fleckphotometers angestellt und die Lichtintensität je Quadratmeter Koloniefläche auf 0,000785 Hefnerkerzen = 0,000562 Normalkerzen bestimmt. Molisch (324, S. 151) hatte vorgeschlagen, die Schwärzung der photographischen Platte nach einer bestimmten Belichtung für die vergleichende Messung zu benutzen. Einen derartigen photographischen Photometer haben Friedberger und Doepner (156) angewandt. Es wurden verschiedene Aufnahmen auf der gleichen Platte gemacht mit einer sich gleich bleibenden Belichtung von 10—20 Minuten und einer Entfernung der leuchtenden Fläche von 30 cm. Die auf diese Weise erhaltenen Schwärzungen der Platte wurden mit Hilfe eines besonderen von Martens konstruierten Apparates ausgemessen. Aus diesen Messungen ergab sich, dass von einem Quadratmeter Leuchtfläche 0,0068 Normalkerzen Licht ausgehen. Diese Werte sind also ungefähr 10mal höher als die von Lode, was Friedberger und Doepner zum Teil aber auch auf eine grössere Helligkeit der Kultur zurückführen. Molisch (324, S. 152) ist der Ansicht, dass man für die besonders stark leuchtende Art *Pseudomonas lucifera* noch erheblich höhere Werte erhalten würde. Friedberger und Doepner zeigten mit ihrer Methode ferner, dass bei gleichzeitiger Kultur mit Schimmelpilzen die Leuchtkraft um $1^3/_4$—$3^1/_2$mal erhöht wird (vgl. S. 204).

Methodische Verwertung.

Gerade die Leuchtbakterien haben schon mancherlei methodische Verwertung gefunden, über die bereits Molisch und Mangold ausführlicher berichtet haben. Ich erwähnte auch bereits, dass Baldasseroni (11) die Leuchtbakterien dazu benutzte, nachzuweisen, dass getrocknete und zerkleinerte Blätter von *Spinacia*, *Senecio* und *Veronica* nach Wasserzusatz und dem Lichte ausgesetzt, wieder zu assimilieren, d. h. Sauerstoff zu erzeugen vermögen.

Osorio (360) teilt mit, dass die Fischer in Portugal leuchtendes Fischfleisch als Köder für die Angelschnüre benützen. Es handelt sich dabei wohl sicher um durch Bakterien hervorgerufenes Leuchten. Die Fischer drücken den

Hinterleib eines bestimmten Fisches (*Malacocephalus laevis* Lowe) zusammen, worauf aus der Afteröffnung eine gelbliche, dickflüssige, trübe, leuchtende Flüssigkeit heraustritt, die sie auf einem Stück Haifischfleisch ausschütten. Durch das Licht dieses leuchtenden Haifischfleisches sollen die Fische nach Ansicht der Fischer angezogen werden.

Über die Herstellung von „lebenden Lampen", d. h. Leuchtbakterienkulturen, die als Beleuchtung dienen sollen, haben die Erfinder Dubois und Molisch schon früher ausführlich berichtet. In seinem neuen Buche gibt Dubois (125) ebenfalls wieder eine genaue Beschreibung. Es handelt sich um ein Glasgefäss mit plattem Boden, deren oberer Teil durch Papier verschlossen ist, welches gleichzeitig als Reflektor benutzt wird. Der Luftzutritt erfolgt durch ein seitliches und ein oberes Rohr, welche mit sterilisierten Baumwollstopfen versehen sind, um die Luft zu filtrieren. Die Innenwand der Gefässe wird mit einer dünnen Schicht von Bouillongelatine versehen, welche vorher mit einer nicht verflüssigenden, stark leuchtenden Bakterienart geimpft ist. Eine derartige Lampe kann einen Monat ohne Unterbrechung und ohne Zutun leuchten.

Einen hübschen Vorlesungsversuch beschreibt Fuhrmann (158), nämlich eine kleine leuchtende Fontaine, die man dadurch erhält, dass man eine Leuchtbakterienkultur durch eine feine ausgezogene Glasröhre unter dem Druck einer Luftpumpe ausspritzt. Dadurch entsteht ein helleuchtender Strahl, der sich in feinste leuchtende Tröpfchen auflöst.

Pathogenität der Leuchtbakterien.

Auch die Frage, ob und inwieweit die Leuchtbakterien für Tiere und Menschen pathogen sind, ist bereits früher verschiedentlich erörtert worden. Man hat im allgemeinen gefunden, dass z. B. der Genuss von leuchtendem Fleisch oder leuchtenden Fischen, sowie direkt von Bakterienkulturen keinerlei schädliche Wirkungen hervorruft. Spritzt man Leuchtbakterien in das Blut von Tieren ein, so erzielt man aber ganz andere Ergebnisse. Hierher gehören die bekannten Untersuchungen von Giard und Billet (M. 218 u. 219) über leuchtende Amphipoden. Die Bakterien vermehren sich und gedeihen zwar in den lebenden Tieren, diese wurden jedoch erheblich dadurch geschädigt und starben nach einigen Tagen. Auch andere Krebse konnten infiziert werden.

Barnard und Macfadyen (20) konnten dagegen nicht die Annahme bestätigen, dass die Leuchtbakterien infektiöse Eigenschaften auf Krabben und andere Seetiere hatten.

Issatschenko (232) fand leuchtende Mücken, welche mit Bakterien infiziert waren (*Bacterium Chironomi*, vgl. S. 189). Die Mücken lebten zwar noch, starben aber nach 24 Stunden, während nicht leuchtende Mücken sich noch 2—3 Wochen in der Gefangenschaft hielten. Wurden mit den aus den

Mücken kultivierten Bakterien Meerschweinchen infiziert, so erkrankten diese nicht.

Wurde der von Zirpolo (494) aus Tintenfisch-Leuchtorganen kultivierte *Bacillus Pierantonii* (vgl. S. 189) auf *Carcinus maenas* Leach oder auf *Palaemon serratus* Fabr. überimpft, so starben die Tiere bereits kurze Zeit nach der Überimpfung der Bakterien, während die Körper leuchtend blieben. Bei *Sepia officinalis* wurde die geimpfte Stelle vom 3. Tage an leuchtend und das Tier starb nach ungefähr 13 Tagen. Wurde *Micrococcus Pierantonii* Zirpolo (495, vgl. auch S. 189) auf *Sepia* überimpft, so starben die Tiere nach ungefähr 10 Tagen (die nicht geimpften Kontrolltiere starben ungefähr zur gleichen Zeit); *Palaemon serratus* und *Portunus holsatus* schon nach wenigen Minuten, *Carcinus* und *Maja verrucosa* nach einigen Tagen. Es scheint mir aber doch nicht erwiesen zu sein, dass das Absterben wirklich auf die pathogene Wirkung der Bakterien, oder nicht vielmehr auf die ausgeführte Operation zurückzuführen ist.

Ballner (12) fand, dass von ihm benutzte Leuchtvibrionenarten für seine Versuchstiere pathogen waren. Es gelang ihm auch durch Immunisierung der Kaninchen ein spezifisches Immunserum zu erzeugen, das die Vibrionen, selbst noch in hohen Verdünnungen zu agglutinieren vermochte. 12 Stunden bei 37° C auf Agar gewachsene Leuchtvibrionen wurden mit physiologischer, Kochsalzlösung aufgeschwemmt und dann das Immunserum hinzugefügt, und zwar in Verdünnungen 1:10—1:10000. Nach zwei Stunden tritt an der Oberfläche ein leuchtender Ring auf, während die übrige Flüssigkeit nicht leuchtend war. Der erhaltene Agglutinationstiter betrug 1:1000.

Mit diesen Fragen, inwieweit die Leuchtbakterien für die Tiere pathogen sind oder ob sie auch in lebenden Tieren zu existieren vermögen, ohne ihre Wirte wesentlich zu schädigen, steht eng im Zusammenhang eine grosse und wichtige Theorie, die in den letzten Jahren stark ausgebaut ist, nämlich die Annahme, dass das Leuchten sehr vieler, wenn nicht gar aller Tiere, auf eine Symbiose dieser Tiere mit Leuchtbakterien zurückzuführen sei. Diese Annahme wird besonders von Pierantoni (368—379), sowie von Buchner (43—46) vertreten. Sie sind zu der Überzeugung gelangt, das dass Leuchten der Zephalopoden, der Pyrosomen, der Leuchtkäfer, einiger Krebse und Fische, und wahrscheinlich noch anderer Meerestiere auf eine Symbiose mit Leuchtbakterien zurückzuführen sei. Auch Harvey (209) führt das Leuchten von zwei Fischen (*Photoblepharon* und *Anomalops*) auf Infektion mit Leuchtbakterien zurück, während er aber sonst ein Gegner der Leuchtbakterien-Symbiose-Theorie ist (207; S. 13f.). Zirpolo (494 u. 495) konnte aus zwei Tintenfischen, *Sepiola intermedia* und *Rondeletia minor* Leuchtbakterien züchten, die wir bereits oben beschrieben haben (S. 189). Wegen der grossen allgemeinen Bedeutung, welche diese Symbiosetheorie besitzt, wenn sie sich allgemein für das tierische Leuchten bestätigen lassen sollte, wollen wir sie in einem besonderen Kapitel im Zusammenhang behandeln, nachdem wir die Leuchtorgane all der verschiedenen Tierformen kennen gelernt haben werden.

Die Frage, ob die Leuchtbakterien selbst irgendwelchen Nutzen von ihrem Leuchten haben, wird in der Regel verneinend beantwortet, so von Beijerinck und Molisch. Die Lichtentwicklung der Leuchtbakterien wird vielmehr nur als eine Nebenerscheinung des Stoffwechsels der Bakterien angesehen, welche für die Bakterien selbst keinerlei Vorteile biete.

Clautriau (60) meint, dass das Leuchten keine physiologische Funktion darstelle, die unmittelbar mit dem Leben verbunden sei. Da Licht zerstörend auf Mikroorganismen einwirken kann, vertritt Clautriau die Annahme, dass die Lichterzeugung den Bakterien doch vielleicht einen Vorteil im Kampf ums Dasein gegenüber anderen Mikroben bieten könne. Er machte auch Versuche in dieser Hinsicht, jedoch mit negativem Resultat, die jedoch, wie der Verfasser selbst sagt, nicht entscheidend seien, da sie in dicken Glasgefässen, welche viele leuchtende Strahlen zurückhalten, und nicht in Quarzgefässen ausgeführt wurden.

Bei der von Buchner und Pierantoni beschriebenen Leuchtsymbiose der Tiere mit den Leuchtbakterien, besitzt das Leuchten der Bakterien wohl sicher eine gewisse Bedeutung für das Tier und damit vielleicht auch indirekt für die Bakterien im Sinne der üblichen „Symbiose“-Theorie.

Die Natur des Leuchtvorganges bei den Bakterien.

Zum Schlusse dieses Kapitels über die Leuchtbakterien bleibt uns noch die Frage nach der Natur des Leuchtvorganges, bzw. der leuchtenden Substanzen zu erörtern. Wenn wir auch die Theorie der Lichtentwicklung durch die Organismen im allgemeinen noch ausführlicher im Zusammenhang behandeln wollen, so seien hier doch kurz die verschiedenen inzwischen geäusserten Anschauungen, soweit sie gerade für die Leuchtbakterien aufgestellt sind, zusammengestellt. Molisch (324) fasste seine Ansicht dahin zusammen, dass das Leuchten der Bakterien wahrscheinlich darauf beruhe, dass die lebende Substanz das Photogen erzeuge, das bei Gegenwart von Wasser und freiem Sauerstoff zu leuchten vermöge, und zwar erfolge die Lichtentwicklung nur intrazellulär, die Entstehung des Photogens sei von dem Leben der Bakterien abhängig.

In ähnlicher Weise meint Beijerinck (24), dass die Leuchtfunktion der Bakterien an einen bestimmten Stoff innerhalb der Zelle gebunden sei, und zwar an ein besonderes Protoplasma, das er als „Photoplasma“ bezeichnet. Wir erwähnten bereits, dass Beijerinck zur Erklärung seiner dunklen „Submutanten“ und „Mutanten“ einen Photoplasmafaden annimmt, der verschiedene Länge aufweise. Das Photoplasma fasst er als ein Endoenzym auf, das mit Sauerstoff unter Kohlensäureproduktion reagiere. Die Leuchterscheinung sei eine Parallelerscheinung des Atmungsprozesses. Zur Regeneration des Photoplasmas werde ausser Sauerstoff auch Pepton gebraucht.

Zu diesen Auffassungen kam Beijerinck vor allem auch durch die Versuche, die er gemeinschaftlich mit Gerretsen (165 und 166) ausgeführt hat. Durch Bestrahlung mit einer Quecksilber-Quarzlampe wurde das Reproduktionsvermögen, nicht aber die Leuchtfunktion zerstört. Diese Versuche haben wir bereits oben geschildert (S. 210). Aut Grund verschiedener Versuche kommt Gerretsen zu der Überzeugung, dass intracellulär ein Leuchtstoff erzeugt werde, der sich in der Zelle anhäufen könne, aber nur in sehr kleinen Mengen, wenn der zur Oxydation nötige Sauerstoff fehle. Das Nachleuchten der Bakterien längere Zeit nach der Bestrahlung könne also durch die Anhäufung von Leuchtsubstanz nicht erklärt werden, müsse vielmehr der Tätigkeit von Enzymen zugeschrieben werden, welche die Leuchtsubstanz hervorbringen. Dieses Enzym nennt der Verfasser „Photogenase". Bei der Oxydation der Leuchtsubstanz wirke wahrscheinlich ein weiteres Enzym, eine Oxydase mit, deren Vorhandensein aber nicht sicher erwiesen wurde (vgl. oben S. 206).

Auch Dubois (125) vertritt die Ansicht, dass die Leuchtsubstanzen nur innerhalb der Zelle vorhanden seien und nicht abgesondert würden, da die Leuchtbouillon nach Passieren eines Filters nicht mehr leuchte. Doch sei das kein vollständig sicherer Beweis, da die „Makrozymase", welche durch die „Vakuoliden" gebildet würden, genügend gross seien, um von den Filtern festgehalten zu werden. Die Flüssigkeit enthalte jedoch kein Luciferin und keine Luciferase, den Leuchtstoff und das Leuchtenzym, dass Dubois bei *Pholas* und bei anderen Tieren nachgewiesen hat. Eine grössere Anhäufung von Leuchtstoffen, wie bei den Tieren, fände bei den Bakterien nicht statt, sie würden entsprechend ihrer Bildung sofort wieder zerstört.

Harvey (190) machte eine Anzahl Versuche, um Aufschluss über die chemische Natur der Leuchtsubstanz der Leuchtbakterien zu erhalten. Das Leuchten sei nicht von der lebenden Zelle abhängig, wohl aber von der Unversehrtheit gewisser Zellstrukturen. Nach Zytolyse der Zellen durch Wasser, Toluol, Äther, Chloroform und Tetrachlorkohlenstoff konnte er kein Leuchten erzielen, auch wenn er vorher mit sauerstofffreien Medien gearbeitet hatte. Die Leuchtsubstanz wird zersetzt, wenn die Zelle im leuchtendenden Zustand zerstört ist, oder wenn tote Zellen mit Wasser in Berührung kommen. Es war (auch mit sauerstoffreien) wässerigen Lösungsmitteln nicht möglich, eine leuchtende Substanz aus den Leuchtbakterien zu extrahieren. Wurden getrocknete Leuchtbakterien mit Quarzsand zerrieben, so wurde die Zelle hierdurch vollständig zerstört und die Leuchtfähigkeit ging verloren. Durch Extraktion mit kochendem Äther oder mit absolutem Alkohol ging die Leuchtkraft nicht verloren, das Photogen könne demnach kein fettartiger Körper sein. Ein leuchtender Extrakt konnte auch mit den Fettlösungsmitteln nicht hergestellt werden; das Papier mit den Leuchtbakterien leuchtete dagegen noch nach der Extraktion, ausser nach der Extraktion mit kochendem Alkohol, kaltem Aceton und Äthylbutyrat, welche zwar keine Leuchtsubstanz extrahieren, sie aber zu zerstören scheinen. Diese Ergebnisse wurden an getrockneten Bakterien erzielt, wurden dagegen feuchte (zentrifugierte) Bakterien benutzt, mit 50 Teilen absolutem Alkohol versetzt, dann schnell getrocknet und wieder befeuchtet, so erhielt man kein Leuchten, während bei getrockneten Bakterien kalter Alkohol keinen Einfluss hatte. Hierin weicht die Natur der Leuchtenzyme von der der gewöhnlichen Oxydasen ab, welche durch Alkohol und Aceton nicht zerstört werden. Harvey nimmt daher an, dass die Leuchtsubstanz im feuchten Zustand durch Alkohol irreversibel ausgefällt oder doch verändert werde, und dass sie wahrscheinlich Eiweiss-Natur besitze.

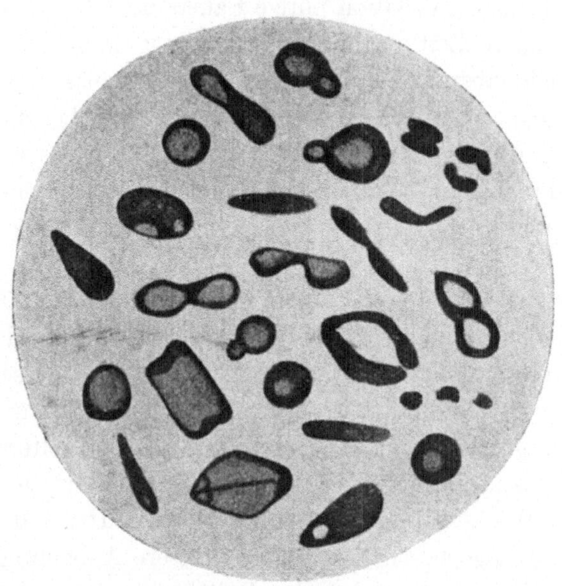

Abb. 4. Leuchtbakterien (*Pseudomonas*), Methylenblau-Präparat. Die Einschlüsse sollen Vakuolen von Leuchtsubstanz sein. (Nach Dahlgren 74.)

In einer weiteren Arbeit versuchte dann Harvey (191) mit Hilfe der Duboisschen Methode eine wärmebeständige, oxydierbare Substanz, das Luciferin, und eine durch Wärme zerstörbare enzymartige Substanz, die Luciferase, aus den Leuchtbakterien zu gewinnen. Nach seiner Ansicht gelang es ihm auch, ein unreines Luciferin dadurch herzustellen, dass er zu einer dichten Bakterienmasse absoluten Alkohol hinzufügte, diesen durch Zentrifugieren entfernte und dann die Substanz durch Erwärmen im Vakuum trocknete. Das so gewonnene Pulver leuchtete nicht, wenn es mit Wasser befeuchtet wurde, wohl aber nach Zusatz von Leuchtkäferluciferase, wenn auch nur ziemlich schwach. Durch Aceton, Äther und Kalilauge oder durch Erwärmen konnte dagegen kein Luciferin erzeugt werden, was Harvey durch die Annahme erklärt, dass durch den Alkohol die Tätigkeit der Bakterien-Luciferase sofort unterbrochen würde, während in den anderen Fällen die geringe Menge des vorhandenen Luciferins noch vorher aufgebraucht würde. Die Luciferase zu extrahieren gelang jedoch nicht, weder durch Wasser noch durch Chloroform, mit frischen oder gemahlenen

Bakterien. Die Bakterien-Luciferase sei wahrscheinlich ein Endoenzym, das biochemisch nicht extrahiert werden könne. Ebenso verhält es sich mit etwa vorhandenen Oxydasen, welche die gewöhnlichen Oxydasereagenzien oxydieren: alle Versuche waren negativ. Obwohl die Luciferase zweifellos eine Oxydase sei, entspräche sie doch nicht den Oxydasen der Pflanzensäfte, wie z. B. des Kartoffel- oder des Rübensaftes, welche weder mit noch ohne Hinzufügung von Wasserstoffsuperoxyd mit dem Bakterien- (Leuchtkäfer-)Luciferin keinerlei Lichterscheinung gaben.

Diese grösstenteils negativen Ergebnisse, die geringe, nur schwache Lichtentwicklung des Alkoholniederschlags mit der Leuchtkäfer-Luciferase berechtigt uns wohl noch nicht, mit irgendwelcher Sicherheit den Schluss zu ziehen, dass bei den Leuchtbakterien die Lichterzeugung, die Oxydation des Leuchtstoffes auf einer Fermentwirkung beruhe. Wenn diese Annahme auch nicht unwahrscheinlich ist, so ist sie doch noch nicht bewiesen.

Dahlgren (74) und andere konnten innerhalb der Bakterien Vakuolen beobachten (Abb. 4), die nur in stark leuchtenden Kolonien vorhanden sein sollen, dagegen nicht in Kulturen, welche kein Licht erzeugten, obwohl sie sonst gesund waren und sich gut vermehrten. Es sei also möglich, dass jene Vakuolen abgesondertes Luciferin enthielten.

Den gegenwärtigen Stand unserer allgemeinen Auffassung über die Entstehung der Lichterzeugung durch die Bakterien können wir nach den im Vorstehenden referierten Arbeiten wohl dahin zusammenfassen, dass es sich dabei um eine Oxydation einer bestimmten Leuchtsubstanz, eines „Photogens" (Molisch), „Photoplasmas" (Beijerinck) oder „Luciferins" (Dubois) handelt, dass diese Leuchtsubstanz innerhalb der Bakterienzelle immer in geringen Mengen erzeugt wird, und zwar vermutlich mittels eines besonderen Enzyms, der „Photogenase" (Gerretsen). Die so entstandene Leuchtsubstanz, das Luciferin, glaubt Harvey durch Alkoholfällung dargestellt zu haben. Sie wird dann wahrscheinlich mit Sauerstoff oxydiert, es wird vermutet, unter Mitwirkung eines weiteren Fermentes, einer Oxydase (Luciferase). Doch konnte die Anwesenheit eines derartigen Fermentes bisher nicht mit Sicherheit nachgewiesen werden.

Hyphomyzeten.

Hierher die Literatur-Nummern: **5, 34, 38, 42, 56, 61, 76, 125, 146, 147, 181, 207, 253, 254, 320—322, 324, 326, 330—332, 412, 442.**

Über leuchtende höhere Pilze ist in den letzten Jahren nur sehr wenig neuere Literatur erschienen, vor allem fast gar keine neuen Untersuchungen. Die meisten der unter dem Titel dieses Kapitels angeführten Literaturnummern geben fast ohne Ausnahme nur mehr oder minder ausführliche Zusammenstellungen unserer bisherigen Kenntnisse der leuchtenden Pilze, meist im Anschluss an das Buch von Molisch (324), und ich habe sie in das Literaturverzeichnis eigentlich nur der Vollständigkeit halber aufgenommen. Nur einige wenige Bemerkungen, die von den anderen Autoren weniger berücksichtigt sind, brauchen uns daher hier zu beschäftigen.

Kawamura (253, 254) beschreibt eine neue leuchtende Pilzart, *Pleurotus japonicus* Kawamura, und stellte auch Untersuchungen damit an. Die Arbeit war mir leider nicht zugänglich.

Dahlgren (76) führt in seiner Liste der leuchtenden Pilze ausser den bereits von Mangold (280) genannten Arten noch *Pannus stypticus* aus Nordamerika an.

Alpine (5) beschreibt das Leuchten von *Pleurotus candescens* in den Wäldern Australiens. Die Pilze leuchteten ungefähr noch eine Woche lang, nachdem sie im Wald gesammelt waren. Die ersten Tage leuchtete nur das Myzelium, nahe an der Anheftung an den Fruchtkörperstamm, später leuchteten nur die Sporenträger.

Dahlgren (76) gibt noch eine nähere Schilderung des Leuchtens von *Clitocybe illudans* auf Grund der Berichte von Augenzeugen. An der Unterseite, an den Lamellen war ein starkes Leuchten vorhanden. Nach Aktinson soll dieser Pilz im frühen Fruchtkörperstadium dunkel sein, während er im ausgewachsenen Zustande besonders hell leuchten soll; nach dem Abwerfen der Sporen höre das Leuchten auf. Dahlgren zitiert ferner die Angabe von Hard aus dessen Pilzbuch, dass der gleiche Pilz im leuchtenden Zustande soviel Wärme erzeuge, dass diese mit einem gewöhnlichen Glasthermometer gemessen werden könne. Da diese Beobachtung den an anderen Organismen gefundenen Resultaten, bei denen eine grössere Wärmeerzeugung nicht nachgewiesen werden konnte, widerspricht, so sagt Dahlgren mit Recht, dass diese Beobachtung noch von Neuem der Bestätigung und Nachprüfung bedürfe.

Die Farbe des Pilzlichtes beschreibt Dubois (125) für das Myzelium von Agaricus olearius als weiss, während es bei den exotischen Pilzen smaragdgrün oder blau-grünlich sein soll, wie es auch Molisch (234) beschreibt. Dubois wendet sich gegen die Annahme von Molisch, dass das Pilzlicht dadurch einen anderen Eindruck hervorrufen könne, dass es bei den verschiedenen Pilzen auch durch verschieden geartete Zellinhalte und Membranen hindurchgehe. Das Fleisch von Agaricus olearius sei rot, das Licht dagegen weiss.

Mourgue (331) glaubt nachgewiesen zu haben, dass das Licht der Pilze chemisch vollständig unwirksam sei. Denn bei einer bis zu fünf Tage langen Belichtung mit dem schwachleuchtenden Hut von *Pleurotus olearius* selbst stark empfindlicher Platten und von Autochromplatten erhielt er vollständig negative Resultate. Auch im Spektroskop hat Mourgue selbst nach zweistündiger Dunkeladaptation nichts sehen können, benutzte aber ein stark streuendes Instrument. Worauf die negativen Ergebnisse des Verfassers beruhen, können wir hier natürlich nicht entscheiden, doch müssen irgendwelche Versuchsfehler vorhanden gewesen sein; denn andere Verfasser haben bekanntlich schon seit längerer Zeit sehr gute photographische Aufnahmen mit Leuchtpilzen erzielt, so z. B. Molisch (324) mit seinem *Mycelium x*. Auch spektroskopische Aufnahmen konnte er damit herstellen. Auch Morton (330) stellte gute photographische Aufnahmen her. Er bedeckte eine photographische Platte mit einem Karton, in den das Wort „Leuchtholz" eingestanzt war und befestigte darüber ein Stück durch Myzelien (*Agaricus melleus*) stark leuchtenden Holzes. Nach 6-stündiger Belichtung ergab die Entwicklung der Platte an den ausgestanzten Stellen eine deutliche Schwärzung. Das Licht sei auch so stark gewesen, dass man mit ausgeruhtem Auge im vollständig verdunkeltem Raume recht gut ein Zifferblatt einer Uhr erkennen oder grossen Druck enträtseln konnte.

Über den Einfluss der Temperatur auf das Leuchten der Pilze stellte Ewart (147) Versuche an. Er fand, dass das Leuchtvermögen von *Polyporus candescens* bei 20—30° C am stärksten war, es verschwand, wenn die Temperatur niedriger als 5° war oder auf 40—50° C stieg.

Kawamura (254) gibt das Temperatur-Optimum für *Pleurotus japonicus* mit 10—15° C an. Er stellte ferner fest, dass das Leuchtvermögen dieses Pilzes in Stickstoff, Wasserstoff, Äther- oder Chloroform-Dämpfen schwindet.

Harlay (181) berichtet über einen Fall von Vergiftung durch *Pleurotus olearius*.

In ähnlicher Weise wie heute für verschiedenes tierisches Licht angenommen wird, dass es auf die Anwesenheit von parasitischen oder symbiotischen Leuchtbakterien zurückgeführt werden müsse, wurde die gleiche Ansicht für das Leuchten der Hyphomyzeten geäussert. Dubois (125) konnte aber zeigen, dass diese Hypothese für *Agaricus olearius* nicht zutreffend sei; mit Schimmelpilzen könnten sich allerdings auch leuchtende Leuchtbakterien gut zusammen entwickeln.

Dubois (125) beschreibt dann weiter einen Fall, wo er an frischem Holz Leuchten beobachten konnte, ohne dass sich eine Spur eines Myzeliums zeigte. Er konnte nur grün gefärbte Bakterienkolonien feststellen, die einen fluoreszierenden Schimmer besassen. Dubois stellt die Hypothese auf, dass das Holz dunkle Strahlen ausgesandt habe, welche durch die fluoreszierende Substanz der parasitischen (nicht leuchtenden) Bakterien sichtbar geworden wäre.

Auch Clos (61) berichtet über einen Fall, wo das von der Rinde befreite Splintholz eines vor längerer Zeit abgestorbenen Stammes von *Prunus avium*, des Vogelkirschbaumes, ein sehr deutliches Phosphoreszieren zeigte, das 5—6 Nächte anhielt. Zur Zeit der Beobachtung herrschte hohe Temperatur und feuchte Luft. Clos führt die Erscheinung auf eine langsame Verbrennung der äussersten Schicht des Splintholzes zurück. Die Erklärungen der beiden

Verfasser scheinen mir aber nur sehr wenig Wahrscheinlichkeit zu besitzen, wahrscheinlicher ist wohl die Annahme, dass doch irgendwelche Myzelien vorhanden gewesen sind, die nur der Beobachtung entgangen sind.

Im Anschluss an die Besprechung der von Radzizcewski untersuchten Chemolumineszenz organischer Körper weist Schertel (412) darauf hin, dass in den lebenden Pilzzellen eine starke Aufspeicherung von Fett vorhanden sei (oft bis zu 50%), und zwar im Protoplasma als kleine Tröpfchen. Die alkalische Reaktion werde durch im Nährboden enthaltene Kalium- und Natriumsalze erzeugt und ausserdem hätten die Fette die Fähigkeit,

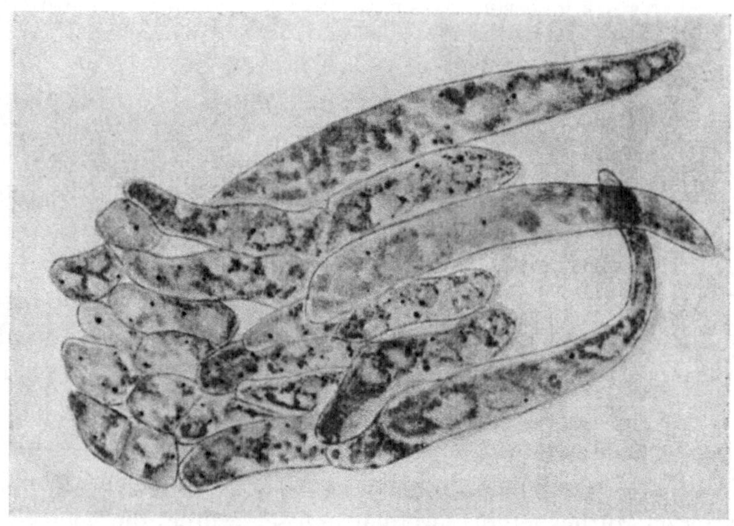

Abb. 5. Schnitt durch Hyphen von *Clitocybe illudans.* (Kleine Zellkerne, stark vakuolarisiertes Protoplasma, in dessen Räumen das „Luciferin" sezerniert werden soll). (Nach Dahlgren 76.)

aus zweiatomigem Sauerstoff dreiatomigen (Ozon) zu bilden, so dass alle von Radzizcewski geforderten Bedingungen gegeben seien und also das Leuchten der Pilze erklärt werden könne. Dass der Vorgang sich aber wirklich entsprechend bei den Pilzen abspielt, ist keineswegs erwiesen.

Schertel gibt dann noch eine ausführliche Schilderung der Rolle, welche die verschiedenen Lumineszenzerscheinungen in Sage, Sitte und Literatur gespielt haben; wir hören, dass besonders leuchtendes Holz als leuchtende Ruten oder Zauberwurzeln in den Mythen von sehr grosser Bedeutung gewesen sind.

Dahlgren (76) hat die Zellen der Hyphen von *Clitocybe illudans* geschnitten und untersucht (Abb. 5). Da es nicht möglich war, die genauen Lichtquellen innerhalb der Zellen zu erkennen, so nimmt Dahlgren an, dass das Luciferin in den in der Abbildung zu sehenden Vakuolen gebildet würde, und dass die Substanz noch in situ gleich nach der Entstehung in den Vakuolen aufgebraucht würde.

Das scheinbare Leuchten von Pflanzen.

Hierher die Literatur-Nummern: 38, 40, 47, 56, 162, 170, 280, 318, 319, 324, 330, 364, 403, 405, 417, 425, 440, 442, 482.

Bei verschiedenen Lichterscheinungen, die man bei einer Anzahl von Pflanzen gelegentlich beobachten kann, glaubte man früher, dass dieses Licht von den Pflanzen selbst erzeugt werde; bei der Mehrzahl von ihnen hat sich dann aber bereits seit längerer Zeit herausgestellt, dass keine selbständige Lichtproduktion vorliegt, dass es sich vielmehr nur um Reflexerscheinungen handelt oder um andere nicht von den Pflanzen selbst ausgehende Vorgänge.

Das bekannteste dieser Beispiele ist der Vorkeim des Leuchtmooses, *Schistostega osmundacea* Schimp., dessen Leuchten man bereits in den achtziger Jahren des vorigen Jahrhunderts auf Reflexerscheinungen zurückführen konnte. Hierüber berichtet auch Bredt (38), Morton (330) und West (482), aber ohne neue Beobachtungen zu bringen.

Die Untersuchungen von Garjeanne (162) zeigten, dass ähnliche Erscheinungen auch bei anderen Moosarten vorhanden sind, nämlich bei *Mnium rostratum* und *undulatum*. Bei ihnen zeigte jedes Blatt einen goldig-grünen Glanz. Nähere Untersuchung ergab, dass kleine Wassertropfen an der Unterseite des Mniumblattes das durchgefallene Licht reflektierten und den Lichtglanz verursachten. Die goldig-grüne Farbe wurde durch die Farbe des Blattes bedingt, durch die das Licht wieder hindurchtreten musste. Diese kleinen Wassertropfen bilden eine plan-konvexe Linse, die an der stark gekrümmten Seite von Luft begrenzt ist. Die durch die Ränder des Blattes tretenden Strahlen werden an dieser Wasserluftgrenze total reflektiert und treten etwas stärker gebrochen wieder aus. Da die Stellung der Chlorophylltropfen, je nachdem ob die Wassertropfen vorhanden sind oder nicht, sich ändert, schliesst der Verfasser, dass diese Lichtreflexion eine gewisse, wenn auch geringe Bedeutung für die Kohlensäureassimilation habe. Der Vorgang verläuft hier etwas anders als bei *Schistostega*.

Ebenso wie die Vorkeime des gewöhnlichen Leuchtmooses sollen nach Sapehin (405) die Prothallien eines Farnkrautes, *Pteris serrulata* L. das Licht reflektieren und den Anschein des „Leuchtens“ erwecken.

Auf ganz denselben Ursachen, wie das Leuchten der Vorkeime des Leuchtmooses beruht das „Leuchten“ der Goldglanzalge, *Chromophyton Rosanoffii* Woronin oder *Chromulina Rosanoffii* Bütschli, wie sie in der neueren Nomenklatur genannt wird. Die Schwärmer dieser Chrysomonadine schwimmen in ihrem Ruhezustand an der Wasseroberfläche und bilden dort goldbraune glänzende Überzüge. Molisch hat bereits 1901 (319 u. 324) die Erscheinung aufgeklärt. Die Zellen sind kugelig und stellen ihr Chromatophor bei einseitiger Beleuchtung auf die von der Lichtquelle abgewandten Seite. Die Zelle wirkt als bikonvexe Linse und bricht die einfallenden Strahlen auf das spiegelförmig gekrümmte braune Chromatophor, welches die Lichtstrahlen reflektiert, so dass dieses wie ein selbstleuchtender Punkt erscheint.

Nachdem haben nun verschiedene Verfasser über das Auftreten von *Chromulina Rosanoffii* berichtet. Solereder (425) fand sie in der Luisenburg des Fichtelgebirges und im Gewächshausaquarium des Erlanger botanischen Gartens; nach Pascher (364) soll sie weit verbreitet sein; nach Miyoshi (318) soll sie auch in Japan häufig vorkommen; die Brunnen, in denen das Leuchtwasser auftritt, sind geschützt und abgesperrt. Der goldige Glanz soll nur in zerstreutem Licht deutlich zu sehen sein und ging bei starker Besonnung infolge Chromatophorenwanderung in einen mehr weisslich-gelben Ton über. Nach Buder (47) soll die Alge in fast allen steinernen Wasserbehältern der Gewächshäuser vorkommen; so fand auch Bruck (40) sie im Botanischen Garten zu Breslau und später in einem Teich bei Salzbrunn i. Schl. Er stellte mit den Schwärmern experimentelle Studien an. Schreitmüller und Geidies (417) und Roth (403) beobachteten sie verschiedentlich in Aquarien und im Teich der Taunusanlagen zu Frankfurt am Main.

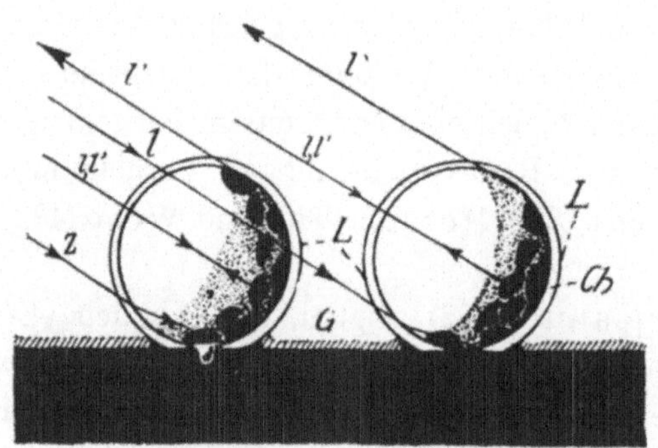

Abb. 6. Schema des Strahlenganges bei den Schwärmern von *Chromulina smaragdinea.* l einfallender, l' reflektierter Lichtstrahl, L Lufthülle, Ch Chromatophoren, G Gallerte. Der Wasserspiegel ist dunkel gehalten. (Nach Gicklhorn 170.)

Roth (403) gibt an, dass ausser der *Chromulina Rosanoffii* auch noch die nahverwandte Art: *Chromulina Woroniniana* Fisch. die Erscheinung des Goldglanzes zeige.

In einer soeben (1922) erschienenen Arbeit berichtet Gicklhorn (170) noch über das scheinbare Leuchten einer weiteren *Chromulina*-Art, die er im Freibassin des Botanischen Gartens zu Zagreb (Agram) fand. Die Zugehörigkeit dieser Art, *Chromulina smaragdinea* Gicklhorn zur Familie der *Chromuliniaceen* unter den Chrysomonaden steht aber noch nicht endgültig fest, da diese Form rein grüne Chromatophoren besitzt, die nur aus reinem Chlorophyll bestehen ohne Beimischung eines gelben Farbstoffes. Entsprechend ist der durch die Reflexion des Lichtes an diesen Chromatophoren erzeugte Lichtschein auch smaragdgrün; während die einzelnen Individuen dieser Dauerstadien durch Inkrustation mit Eisenoxyd gelb erscheinen. Der smaragdfarbene Glanz ist hier ebenso, wie bei den bisher geschilderten Arten eine rein physikalische Erscheinung. Durch jede Drehung des Kulturgefässes oder durch Beschattung geht der Glanz verloren. Bei einseitigem Lichteinfall stellen sich die Chromatophoren an der dem Fenster abgewandten konkaven Innenseite der Zelle auf. Der Strahlengang geht aus Abb. 6 hervor. Nur bei Betrachtung in einer bestimmten Richtung, d. h. in der des einfallenden Lichtes, treffen die total reflektierten Strahlen das Auge des Beobachters. Die grüne Farbe der Chromatophoren erscheint gegen den dunklen Untergrund nach der Totalreflexion an der gewölbten Zellwand hell glänzend.

Zum Schluss dieses Kapitels ist es noch nötig, auf die Erscheinung des sog. „Blitzens der Blüten" der Phanerogamen einzugehen. Über die ältere Literatur ist bereits von Mangold (280) ausführlicher berichtet worden, so dass wir hier nur noch einige wenige neuere Arbeiten in Betracht zu ziehen haben. Molisch (324, 1. Aufl. 1904) hatte zwar selbst das Blitzen der Blüten nie beobachten können, hielt aber doch auf Grund eigener Versuche und solcher von v. Tubeuf die Annahme für wahrscheinlich, dass das Blitzen der Blüten ähnlich wie das sog. „St. Elmsfeuer" auf luftelektrische Erscheinungen zurückzuführen sei. Chandler (56) hält ebenfalls das Blitzen der Blüten für ein elektrisches Phänomen, das von dem Zustand der Atmosphäre abhängig sei. Dafür spräche, dass alle Beobachtungen an warmen, schwülen Abenden gemacht worden seien.

Demgegenüber hatte Schleiermacher (M. 529) ähnlich wie schon früher Goethe das Blitzen der Blüten als eine rein physiologisch-optische Erscheinung aufgefasst: es handele sich um Nachbilder, um sukzessive Farbenkontraste.

Ganz ähnliche Versuche wie Schleiermacher hat auch Thomas angestellt (440) und kommt zu ganz ähnlichen theoretischen Anschauungen. Er beklebte ein quartblattgrosses Papier von satt blauer Farbe mit 4—5 kleinen Stückchen feuerroten Papiers. Bei Tageslicht erschienen die roten Schnitzel heller als der blaue Grund, abends umgekehrt. Fixiert man in der Dämmerung ein rotes Quadrat, so nimmt dieses eine unerwartete Lichtstärke an und seine ursprüngliche rote Farbe mit einem blitzartigen Aufleuchten. Sobald man aber den Blick auf eine andere Stelle des „blauen" Untergrundes richtet, so erscheinen die roten Papierstückchen dunkel, welche jetzt mit dem peripheren Sehen wahrgenommen werden. In der Dämmerung überwiegt zwar die Tätigkeit der farbenblinden Stäbchen der Netzhaut, daher die grosse Helligkeit der roten Papierstückchen, doch kann mit den Zapfen noch gerade die Farbe wahrgenommen werden.

Molisch (324) berichtet in der 2. Auflage seines Buches über die „Leuchtenden Pflanzen" ebenfalls über diese Anschauungen von Schleiermacher und Thomas und gibt ihnen im allgemeinen recht. Doch gehe aus den Untersuchungen nicht hervor, dass alles, was als Blitzen beschrieben wurde, physiologisch-optisch zu erklären sei. Manche Erscheinungen liessen sich vielmehr besser durch das Phänomen des St. Elmsfeuers erklären, denn verschiedene Autoren haben die Lichterscheinung gerade an den Spitzen der Bäume und Blüten, manchmal direkt Funken hervorsprühen sehen; welche Erscheinung man ja auch künstlich durch Ladung von Pflanzen mit Elektrizität hervorbringen könne. Daher lässt Molisch beide Erklärungen, die physiologisch-optische und die elektrische nebeneinander bestehen, auf alle Fälle handele es sich nicht um einen biologischen Vorgang innerhalb der Pflanzen.

Protozoa.

Hierher die Literatur-Nummern: 45, 46, 70, 75, 96, 125, 144, 183, 207, 217, 257, 299, 386—388, 456.

Brandt (M. 66) hatte angegeben, dass Radiolarien imstande seien, Licht auszusenden und dass die grosse Fettkugel in der Mitte von *Sphaerozoum* das Leuchtorgan darstelle. Dieser Anschauung widerspricht Dahlgren (75), allerdings ohne selbst neue Untersuchungen angestellt zu haben. Die Annahme, dass der Fetttropfen die Leuchtursache darstelle, sei unwahrscheinlich, da nach den Befunden an anderen Tieren das Luciferin kein fettartiger, in Alkohol löslicher Körper sei. Dahlgren glaubt weiter aus der Beschreibung von Brandt selbst schliessen zu dürfen, dass es sich bei dem im Zentrum befindlichen Körper gar nicht ausschliesslich um fettartige Substanzen handele, denn die Aussenzone sei nicht in Alkohol löslich. Und gerade in der Aussenzone soll das Licht entstehen. Er meint daher, dass die Substanzen für die Luciferinsekretion im Fetttropfen aufgespeichert seien und im benachbarten Zytoplasma verarbeitet würden und dort liegen blieben, bis sie nach einer Reizung zur Lichterzeugung aufgebraucht werden.

Bei den Protozoen finden wir die wichtigsten und am weitesten verbreiteten Formen unter den Dinoflagellaten und Cystoflagellaten (*Noctiluca*); und mit diesen beiden Gruppen beschäftigen sich auch hauptsächlich die wenigen neueren Arbeiten über leuchtende Protozoen.

Über das Vorkommen von phosphoreszierenden Peridineen im indischen Ozean teilt Czapek (70) einige Beobachtungen mit. Er beschreibt ausführlich die prächtigen Erscheinungen des Meerleuchtens an der Südküste von Arabien, das bald in talergrossen Flecken, bald in Funkenregen oder leuchtenden Wellenkämmen erschien. Die Planktonfänge, welche gleichzeitig angestellt wurden, enthielten zahlreiche Peridineen, die in solcher Zahl am Morgen nicht gefunden wurden, wo keine deutliche Phosphoreszenz vorhanden war. In dem leuchtenden Plankton fand er folgende Formen: *Ceratium tripos azoricum* Cl., *Ceratium tripos arcuatum* Gourret (sowie die *Forma contorta*), *Ceratium tripos pulchellum, Ceratium tripos lunula* Schimper, *Ceratium tripos macroceras* Ehrenberg, *Ceratium furca* Duj., *Ceratium fusus* Duj., *Diplosalis lenticula* Bergh, *Peridinium grande* Kofoid, *Dinophysis homunculus* Stein, *Dinophysis miles* Cleve. Es ist jedoch keineswegs gesagt, dass alle diese Formen wirklich leuchtend gewesen sind. Als sicher leuchtend gibt der Verfasser nur *Ceratium tripos* an, das er unter dem Mikroskop leuchtend beobachtete.

Dahlgren (75) berichtet über ein massenhaftes Vorkommen von *Ceratium tripos* an der Küste von Nova Scotia, an der Liverpool-Bucht. Die Massen an der Oberfläche des Meeres waren so dick, dass diese fest und glatt war und selbst eine aufkommende Briese konnte nur ganz leichte Furchen durch diese Massen ziehen. Der Fang mit einem Müllergaze-Netz ergab mehrere Liter einer dicken breiigen Masse, die fast ausschliesslich aus Ceratien bestand.

1915 hat Dahlgren zusammen mit C. Speidel nähere Untersuchungen über das Leuchten von *Ceratium tripos* in Harpswell (Maine) angestellt. Die Farbe

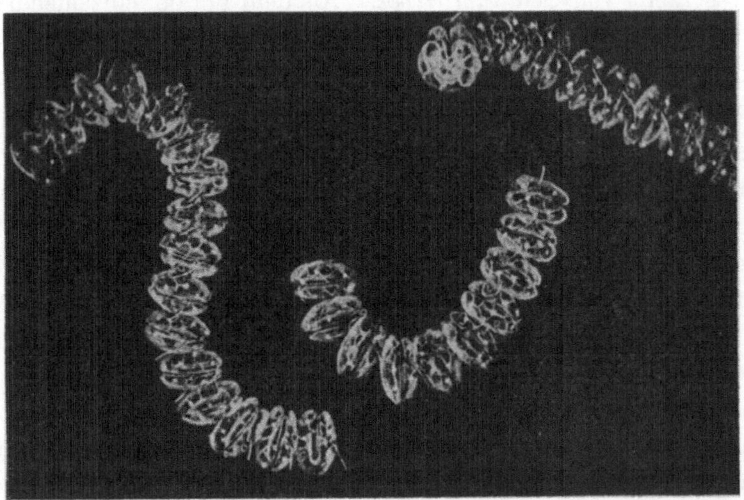

Abb. 7. **Eine leuchtende, koloniebildende Peridinee aus der Chesapeake-Bucht.** (Nach Dahlgren 75.)

des Lichtes der stark gereizten Ceratien war silberweiss. Wurden die Organismen aber mit der Hand aus dem Wasser gehoben und festgehalten, so leuchteten sie in einem schwächeren grünlichem Lichte, das mehrere Sekunden bis Minuten andauerte. Dahlgren hält dieses Licht für das Todesleuchten oder das Leuchten der Erschöpfung. Bei ruhigem Wasser traten nur vereinzelte Funken auf. Wurde aber ein mittel-grobes Müllergaze-Netz durch das Wasser gezogen, so bildete sich ein glänzender Sprühregen von silbernen Funken in der Spur des Netzes. Die Ceratien leuchteten aber erst auf, nachdem sie mindestens 10 mm durch das Netz hindurch waren. Der durch die Berührung mit der Seidengaze ausgeübte Reiz bewirkt also erst nach kurzer Zeit das Leuchten. Der auftretende Lichtblitz dauerte knapp eine Sekunde lang. Doch blieb hinterher häufig noch ein schwaches Nachglimmen von einem schwach grünlichem Lichte weiter bestehen. Die verschiedene Farbe könne zum Teil auf die verschiedene Intensität des Lichtes zurückgeführt werden, zum Teil aber wohl auch auf eine verschiedene Qualität der Lichtwellen.

Dahlgren (75) beobachtete ferner eine leuchtende koloniebildende Form aus der Familie der Peridineen in den Gewässern von Delaware und der Chesapeake-Bucht (Abb. 7). Eine systematische Bestimmung und nähere Beschreibung dieser Peridinee gibt der Verfasser leider nicht. Es waren lange aalartige Kolonien, die aus vielen hunderten Individuen bestanden und im Leben rötlich-braun gefärbt waren. Am Tage konnte man grosse Flecken rötlichen Wassers erkennen. Kam nachts ein Boot in diese Flecke, so leuchteten Bug- und Heckwelle, wie auch das Kieselwasser in hell grünem Feuer; auch die Wellenkämme der bewegten See leuchteten. Das Licht war ausserordentlich hell und hatte eine lebhaft grüne Farbe. Es blieb länger bestehen als das silberweisse Licht von *Ceratium tripos*. An dem Pol der einzelnen Tiere fand Dahlgren eine grosse Anzahl von Vakuolen, welche die Leuchtsubstanz, das Luciferin enthalten sollen. Diese Substanz sei kein wirkliches Fett, da sie sich nicht mit Osmiumsäure schwärzte.

Auch Kofoid und Swezy (260a, S. 52) behandeln in ihrer grossen Monographie der nackten Dinoflagellaten in einem besonderen Abschnitt das Leuchten der Dinoflagellaten; die meisten der Angaben beziehen sich allerdings auf schalentragende Formen, von denen fast alle *Peridinium-*, *Ceratium-* und *Gonyaulax*-Arten leuchteten. Die Untersuchungen wurden an der Biologischen Station in La Jolla in Kalifornien ausgeführt. Einzelne Individuen dieser Formen wurden in Uhrgläschen isoliert und durch Reizung (Erschütterung oder Zusatz von Süsswasser, Alkohol, Äther oder anderen Chemikalien in verdünnten Lösungen) auf ihr Leuchtvermögen untersucht. Von den nackten Dinoflagellaten wurde bei einer neuen Art, *Gymnodinium flavum* Kofoid und Swezy, Leuchten beobachtet. Diese Organismen traten 1914 in so ungeheuren Massen auf, dass das ganze Wasser gelb gefärbt war. Nachts herrschte ein prächtiges Meerleuchten, die ganze Brandung an der Küste war hellleuchtend.

Im übrigen liegen erst wenige Angaben über das Leuchten von nackten Dinoflagellaten vor; Kofoid und Swezy meinen aber, dass die grosse Strukturähnlichkeit der nackten und schalentragenden Dinoflagellaten vermuten lasse, dass die Leuchtfähigkeit in beiden Gruppen in gleicher Weise vorhanden sei.

Experimente mit den tekaten Formen ergaben eine deutliche tägliche Periodizität des Leuchtens. Tagsüber konnten die Organismen, auch wenn sie längere Zeit im Dunkelraum gehalten waren, nicht durch Reizung zum Leuchten gebracht werden; nachts aber sehr leicht; bei Eintritt der Dunkelheit und bei Tagesbeginn antworteten die Tiere nur mit einigen wenigen Lichtblitzen, während in der Nacht die Reaktionsfähigkeit erheblich zunahm.

Als Ursache des Leuchtens bei den Dinoflagellaten sehen Kofoid und Swezy die Ölkugeln und ähnliche Substanzen an, welche sich häufig im oberflächlichen Protoplasma finden. Es sei wahrscheinlich, dass die Substanz, von welcher das Luciferin abgesondert würde, von diesen Körpern herrühre.

Die übrigen Protozoenarbeiten beschäftigen sich mit der Cystoflagellate *Noctiluca miliaris* Sur., aber nur E. B. Harvey (183) und Pratje (386—388) berichten über eigene Beobachtungen und Versuche. Die Arbeit von Kirsch (257) stand mir leider nicht zur Verfügung. Harvey machte ihre Untersuchungen bei Misaki in Japan, während Pratje an der Nordsee bei Helgoland arbeitete.

Pratje (386) untersuchte zunächst eingehend die Morphologie der *Noctiluca* sowohl die äussere Form, die Organellen usw., als auch die feinere

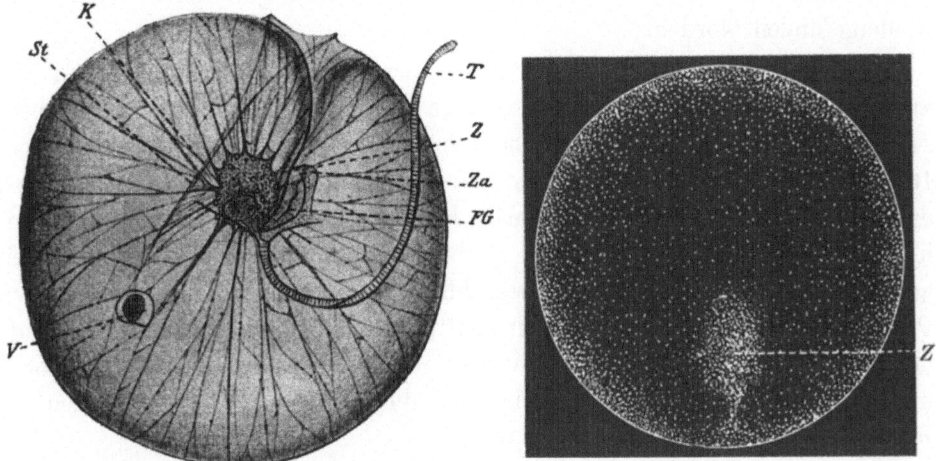

Abb. 8. *Noctiluca miliaris Sur.* (nach Pratje 386). Z Zentralplasma, Za Zahn, T Tentakel, FG Fadengeissel, K Kern, St Staborgan, V Nahrungsvakuole.

Abb. 9. Leuchtende *Noctiluca miliaris Sur.* (Nach Pratje 386.) Z Leuchtende Zentralplasmamasse.

Protoplasmastruktur und gibt eine grosse Zahl von Abbildungen (Abb. 8). Die im Protoplasma, sowohl im Zentralplasma, wie auch an der Peripherie und im feinen Plasmanetz enthaltenen stark lichtbrechenden Einschlüsse erwiesen sich durch Untersuchung mit den verschiedensten Fettlösungs- und Fettfärbungsmitteln als echte Neutralfette, also Glycerinester der Fettsäuren. Diese Fetttröpfchen entstehen wahrscheinlich durch direkte Ausnutzung der Nahrung, es sind Reserve-Substanzen. In einer späteren Arbeit hat Pratje (388) das Fett der *Noctiluca* makrochemisch untersucht. Der Gesamtfettgehalt, d. h. die Summe der ätherlöslichen Bestandteile betrug 12% der Trockensubstanz, war also ausserordentlich hoch. Das Fett hatte eine Säurezahl von 75, eine Esterzahl von 187, eine Verseifungszahl von 262, eine Jodzahl von 15—33. 34,4% des Gesamtfettgehaltes, bzw. 4,13% der Trockensubstanz bestand aus „Unverseifbarem“, von dem wieder 24,3% (=6,9% des Gesamtfettgehaltes oder =0,8% der Trockensubstanz) aus Cholesterin bestand; die Phosphorsäurereaktion des Alkoholextraktes war positiv; es waren also auch phosphorhaltige Lipoide vorhanden.

Die chemische Zusammensetzung des *Noctiluca*-Körpers ist ausserdem noch von Emmerling (144) untersucht, der sie der Hydrolyse unterwarf. Vorher extrahierte er die Trockensubstanz mit Äther und erhielt eine salbenartige Masse, „mit den Reaktionen des Cholesterins“. Durch die Hydrolyse erhielt Emmerling folgende Eiweissbausteine, umgerechnet auf 100 g aschefreie Substanz, welche insgesamt 7,74 g N enthielt: 0,2 Lysin, 1,65 Arginin, 3,48 Histidin, 0,53 Tyrosin, 15,90 Glykokoll, 2,40 Alanin, 0,42 Leucin, 4,60 Prolin und 0,17 Asparagin. Mit diesen Spaltungsprodukten waren im ganzen ungefähr 71% des ursprünglich vorhanden gewesenen Stickstoffes wiedergefunden worden.

Nach Pratje (386 u. 387) senden normale frische Individuen nur auf äusseren Reiz hin Licht aus, während sie sonst vollkommen dunkel bleiben. Absterbende Individuen besitzen aber ein sehr wenig intensives Dauerleuchten. In der Hauptsache leuchtet das periphere Protoplasma, aber häufig auch noch das Zentralplasma (Abb. 9). Die Farbe des Lichtes erscheint bläulich bis grünlich und bisweilen weisslich. Die Farbe hängt wesentlich von der Dunkeladaptation des beobachtenden menschlichen Auges ab. Das vom inneren Protoplasma ausgesandte Licht wird teilweise an der Zellmembran, namentlich an der Einsenkung der Mundbucht reflektiert und dadurch ein gleichmässiger diffuser Lichtschein erzeugt, auf diesem weissen Grunde blitzen bei Reizung einzelne leuchtende Punkte auf.

Bei stärkerer Vergrösserung erkennt man, dass die leuchtenden Stellen der *Noctiluca* aus zahllosen, sehr feinen, leuchtenden Pünktchen zusammengesetzt sind (Abb. 9).

Die Auflösung des Lichtes der *Noctiluca* in kleine einzelne Pünktchen legt die Vermutung nahe, dass diese Pünktchen den zahlreichen, bei Tageslicht zu beobachtenden, im Plasma liegenden, stark Licht brechenden Körnchen entsprechen, die sich als Fetttropfen erwiesen haben. Daneben kommen nun aber im Protoplasma noch andere Einschlüsse vor. Es ist möglich, dass die in der *Noctiluca* vorhandenen Fette, Cholesterine oder Lipoide das Leuchten erzeugen, da ja derartige Stoffe auch im Reagensglas unter Lichterscheinung oxydiert werden können. Ein sicherer Beweis ist dafür aber noch nicht erbracht. Es konnte nur beobachtet werden, dass das Zentralplasma der Individuen, welche zahlreiche Fetttropfen enthielten, besonders hell aufleuchtete; andererseits konnten aber verschiedene, namentlich abgestorbene Individuen mit vielen grossen Fetttropfen nicht mehr durch irgendwelche Reizung zum Aufleuchten gebracht werden.

Auch Kofoid und Swezy (260a, S. 411) sehen in den zahlreichen, im Protoplasma zerstreut liegenden kleinen Ölkugeln die Zentren der Leuchtfähigkeit des Tieres.

Fast sämtliche Autoren stimmen in der Ansicht überein, dass das Leuchten auf kleine im Protoplasma vorhandene Einschlüsse zurückzuführen ist, nur über die Deutung dieser Plasmaeinschlüsse ist man sich nicht einig. Dubois (125) fasst sie z. B. als „Vakuoliden" auf, in den verschiedenen Stadien ihrer Entwicklung, wie sie auch in den Leuchtorganen der Insekten und anderer Leuchttiere beobachtet werden könnten. Er sieht in diesen Vakuoliden organisierte Enzyme. Auf die Vakuolidentheorie von Dubois werden wir später noch zurückzukommen haben. Diese lichterzeugenden Granulationen sollen erst durch Reizung sichtbar werden, durch die gleichen Reize, welche das Leuchten der *Noctiluca* erzeugen. Licht und vakuolidenartige Körner sollen gleichzeitig auftreten. Die Wirkung der Anästhetika soll auf einer Dehydration der lebenden Eiweisssubstanz, des „Bioproteon" und besonders der Vakuoliden beruhen.

Eine andere Deutung gibt Buchner (45 u. 46) den im Protoplasma eingeschlossenen Granulationen. Entsprechend seiner Symbiosetheorie des Leuchtens der Tiere hält er die Annahme für nicht ausgeschlossen, dass auch das Leuchten der *Noctiluca,* sowie der Peridineen und Radiolarien auf eine Symbiose mit Leuchtbakterien zurückzuführen sei, wofür besonders die Auflösung des Lichtes der *Noctiluca* bei stärkerer Vergrösserung in einzelne Lichtpunkte zu sprechen scheine. Auch die Tatsache, dass nur marine Protozoen zu leuchten vermöchten, während den nächsten Verwandten im Süsswasser diese Fähigkeit vollständig fehle, soll einen Fingerzeig in dieser Richtung geben. Ein Beweis für diese Annahme liegt bei *Noctiluca* bisher aber noch nicht vor.

E. B. Harvey (183) schneidet die Frage an, wo in der Zelle der *Noctiluca* die Leuchtsubstanz lokalisiert zu denken sei und erblickt sie ebenfalls in kleinen, im Protoplasma zerstreut liegenden Körnchen. Diese werden durch Zerquetschen der Zelle befreit und voneinander getrennt und können dann deutlich beobachtet werden. Diese Körnchen färbten sich am Lebenden mit Methylenblau und Neutralrot nicht. Es soll jedoch andere Körnchen an der Peripherie der Zelle geben, welche sich mit Neutralrot färben. Die Verfasserin versuchte dann weiter aus den Zellen, das Luciferin und die Luciferase zu isolieren, die Dubois und E. N. Harvey bei *Pholas,* Leuchtkäfern und *Cypridina* als Ursache des Leuchtens nachweisen konnten, also einer wärmebeständigen Substanz, die die eigentliche Leuchtsubstanz darstellt und eines durch Wärme zerstörbaren Enzyms, das die Oxydation vermitteln soll. Alle Versuche bei *Noctiluca* hatten jedoch ein vollständig negatives Ergebnis, und so macht E. B. Harvey nur eine Substanz, eben jene Körnchen für die Lichtproduktion verantwortlich und bezeichnet sie als „Photogenin", nach der älteren Nomenklatur von E. N. Harvey (=Luciferase von Dubois). Da aber nur eine Substanz wirksam sein soll und ein fermentativer Prozess nicht nachgewiesen werden konnte, würde man in diesem Falle wohl besser von „Luciferin" (=Photophelein-Harvey) sprechen. Die Natur dieser Substanz ist aber noch nicht einwandfrei geklärt.

E. B. Harvey (183) hat dann weiter den Einfluss der verschiedenartigsten Reize auf das Leuchten der *Noctiluca* näher untersucht. Der osmotische Druck konnte erheblich verändert werden, ohne die Lichtreaktion wesentlich zu beeinflussen; man konnte mit gleichen Teilen Süsswasser verdünnen; bei noch stärkerer Verdünnung (3:7, 2:8, 1:9 oder in reinem Süsswasser) erfolgte aber kein Aufleuchten auf Reizung hin mehr, sondern nur ein dauerndes Glimmen, das 3—8 Minuten (je nach der Verdünnung) anhielt. Durch stärkere Konzentration und Erhöhung des osmotischen Druckes entstand ein dauerndes Leuchten von mehr als 20 Minuten. Wurde aber statt mit Süsswasser mit isotonischer Rohrzuckerlösung verdünnt, so erhielt man noch bei der Verdünnung 1:9 eine normale Lichtreaktion, die jedoch in reiner Rohrzuckerlösung nur noch sehr kurz andauert, worauf Dauerleuchten und Tod eintrat. Ein geringer Salzgehalt ist also doch notwendig ausser einem gewissen osmotischen Druck.

Auch die Salze des Seewassers müssen eine bestimmte Zusammensetzung aufweisen; in isotonischen Lösungen einiger reiner Salze trat nach 1—2 Stunden keine Leuchtreaktion mehr ein, es wirkten besonders $CaCl_2$, NaCl, $MgCl_2$ toxisch, wenn sie sich allein in der Lösung befanden. In Mischungen verschiedener Salze, namentlich wenn sie der Zusammensetzung des Seewassers ähnlich waren, gab die *Noctiluca* noch mehr als 10 Tage normale Reaktion.

Der Einfluss von Säuren und Alkalien wurde noch im einzelnen untersucht, und zwar wurde als Lipoid nicht lösende Säure die Salzsäure, als lipoidlösende Säure die Benzoesäure verwendet, in neutraler künstlicher Seewasserlösung. n/2000—n/4000 HCl und n/4000 C_6H_5COOH riefen für 20—60 Minuten ein helles Dauerlicht hervor. Bei n/4000 HCl gaben die Tiere noch normale Lichtblitze nach Reizung. Stärkere Säurekonzentrationen töteten die Tiere fast augenblicklich, während schwächere meist keinen Einfluss hatten. Von den Alkalien bewirkten n/125—n/250 NaOH und n/250 bis n/1000 NH_4OH ein Dauerleuchten von 30 Sekunden bis 4 Minuten, aber keinerlei normale Reaktion mittels einzelner Lichtblitze. n/500 NaOH und n/2000 NH_4OH verursachten noch kurze Zeit normale Reaktion (wohl infolge des nur langsamen Vorsichgehens des Eindringens der Lauge, dann konstantes Glimmen. Vergleichsversuche mit Färbung mit Neutralrot zeigten, dass bei NaOH das Leuchten eher aufhört, als das Alkali eingedrungen ist und den Farbumschlag erzeugt hat, während bei NH_4OH das Leuchten erst später endet.

Cyankali übte einen verhältnismässig geringen Einfluss aus. Selbst in starken Lösungen (m/10—m/250) erhielt man 1—30 Minuten lang (entsprechend der Konzentration) noch normale Leuchtreaktion, auf welche dann ein Dauerglimmen von 7—35 Minuten folgte. Schwächere Lösungen waren fast ohne Einfluss. Im Gegensatz zu *Noctiluca* übt das Cyankali auf die Oxydation anderer Pflanzen- und Tier-Oxydasen einen viel stärkeren Einfluss aus; es muss sich hier also um wesentlich andere Oxydasen handeln, als die, welche bei der Zellatmung wirksam sind.

Sauerstoff erwies sich im Gegensatz zu dem Ergebnis von Quatrefages als unbedingt notwendig für die Lichterzeugung. In einer Atmosphäre von Wasserstoff wird das Leuchten immer schwächer und die Tiere leuchten sofort nach Hinzufügung von Sauerstoff, auch ohne mechanische Reizung. Wurden die Tiere länger als 2 Stunden in der Atmosphäre Wasserstoff gehalten, so starben sie ab.

Bei der Steigerung der Temperatur bis auf 42° C gaben die Noctiluken noch normale Lichtreaktion; bei weiterer Steigerung trat ein Dauerleuchten ein, das bei 48° C vollständig erlosch; die Tiere waren abgestorben, so dass auch nach Wiederabkühlung keine Wiederherstellung erfolgte. Bei Sinken der Temperatur trat unterhalb von + 5° C ein konstantes Glimmen ein, das bis 0° C anhielt. Wurden die Tiere nur wenige Minuten bei 0° C gehalten, so erholten sie sich nach dem Erwärmen wieder, nach 15 Minuten langer Kälteeinwirkung aber nicht mehr.

Auch der Einfluss der Elektrizität wurde untersucht. Durch einen konstanten galvanischen Strom entsteht beim Stromschluss ein helles Aufblitzen, während der Strom hindurchgeht, ein Dauerglimmen, das meist bei der Stromöffnung wieder aufhört. Je stärker der Strom war, desto mehr blieb beim Öffnen das Glimmen bestehen. Wird während des Stromdurchganges mechanisch gereizt, so erhielt man die normale Lichtblitzreaktion. Das Licht entsteht an allen Teilen der *Noctiluca*, nicht nur an der Anode oder an der Kathode; es war also kein polarer Einfluss nachzuweisen. Auf Induktionsströme antworteten die Tiere mit einem Lichtblitz beim Öffnen und auch beim Schliessen des Stromes, wenn der Strom stark genug war. Bei unterbrochenen Interferenzströmen ermüdeten die Tiere ziemlich schnell.

Wurden die Tiere mit einer Nadel angestochen und dann gereizt, so antworteten sie wie normale Zellen. Ist die Beschädigung aber zu gross, d. h. sind die Tiere vollständig in Stücke zerteilt, dann trat keine Reaktion auf Reizung mehr ein.

Schliesslich wurde noch der Einfluss der Anästhetika ausführlicher untersucht. Die lipoidlösenden Anästhetika verursachten ein dauerndes, oft aber nur schwaches Glimmen, während die normale Reaktion, d. h. das Aufblitzen nach Reizung aufhörte. Die besten Konzentrationen für diese Anästhesierung waren: $^1/_3$ gesättigtes Chloroform (2 Stunden Dauerleuchten), m/$_8$ Äther und m/$_8$ Butylalkohol ($^1/_2$ Stunde), $^1/_{10}$ gesättigtes Thymol (1 Stunde), m-Äthylalkohol (30 Minuten) und $^1/_4$—$^1/_2$ gesättigtes Chloreton (15 Minuten). Wirkte das Anästhetikum länger als die angegebenen Zeiten ein, so trat der Tod ein. Wurden die Tiere aber vorher in frisches Seewasser gebracht, so kehrte die normale Reaktion wieder zurück, es ist also ein reversibler Vorgang. Verschiedene Versuche wurden angestellt, welche zeigen sollten, dass das Anästhetikum nicht auf die Zellwand wirkt und so den Eintritt des Sauerstoffs in die Zelle verhindert, sondern direkt auf das Zellinnere wirkt, so dass der Sauerstoff in der Zelle nicht mehr in der normalen Weise verwendet werden kann.

Wurden narkotisierte Zellen mit Sand geschüttelt und dadurch in Teile zerlegt, so dass der Sauerstoff an die Zellsubstanz herantreten konnte, so entstand nur ein schwaches Leuchten, während so behandelte normale Zellen hellleuchtend wurden. Die Anästhesie der Lichterzeugung von *Noctiluca* ist also unabhängig von der Zellmembran.

Coelenterata.

Hierher die Literatur-Nummern: 13, 45, 46, 50, 53, 77, 125, 199, 207, 210, 217, 264, 343, 344, 363, 445.

Porifera. Mangold (280) führt nur drei kurze Mitteilungen aus der Literatur an, in denen über das Leuchten von Schwämmen berichtet wird, die aber nicht näher untersucht und beobachtet waren.

Dahlgren (77) fand im Golf von Neapel Schwämme zusammen mit anderen Formen, die noch 4 Stunden nach dem Fang leuchteten. Die Untersuchung mit dem Mikroskop ergab aber, dass verschiedene Arten von leuchtenden Würmern und Protozoen in den Kanälen des Schwammes vorhanden waren. Andere Schwämme, die von reinem Untergrund stammten, zeigten keinerlei Lichterzeugung, auch nicht nach Reizung. So kommt Dahlgren zu dem Schluss, dass die Schwämme wahrscheinlich nicht selbst leuchteten.

In allerneuester Zeit hat nun Harvey (210) Schwämme auf ihr Leuchtvermögen untersucht, und zwar eine *Grantia*-Art; wenn man den Schwamm reibt oder quetscht, so kann man bisweilen ein ziemlich helles, gelbliches Licht beobachten, das von den verschiedensten Teilen des Tieres ausgehen kann. Jedes untersuchte Exemplar konnte zum Leuchten gebracht werden, während eine *Esperella*-Art niemals leuchtete. Sonnenbestrahlung beeinflusste nicht die Leuchtfähigkeit; elektrische Reizung gelang nicht. Mit dem Mikroskop konnten auf den Schwämmen keine anderen leuchtenden Formen nachgewiesen werden, weder Hydroiden, noch Radiolarien, Dinoflagellaten oder Noctiluken.

Man kann einen Leuchtextrakt erhalten, wenn man den Schwamm durch ein Käsetuch drückt. Man erkennt dann deutlich, dass das Licht ebenso wie bei anderen Coelenteratenextrakten, von einzelnen leuchtenden Punkten im Extrakt kommt. Durch Hinzufügung von zytolytischen Substanzen, von reinem Wasser, Saponin oder dergleichen trat eine Verstärkung des Lichtes ein. Luciferin und Luciferase konnten nach dem Duboisschen Verfahren nicht nachgewiesen werden. Harvey ist der Überzeugung, dass das Licht der Schwämme wohl nicht auf in ihnen lebende, andere Leuchtorganismen zurückzuführen sei, sondern dass bei dieser Schwammart echtes Eigenleuchten vorhanden sei, wenn die Frage auch noch nicht endgültig entschieden sei.

Hydrozoa und Scyphozoa. Mangold (280) wies darauf hin, dass seit den allerdings sehr gründlichen Untersuchungen von Panceri, die nun aber schon ein halbes Jahrhundert zurückliegen, keine neueren Arbeiten über die Lichtproduktion der Hydrozoen erschienen seien. Nun sind aber in den letzten Jahren auch über diese Leuchtorganismen wieder einige Untersuchungen angestellt, und zwar von den beiden um die Erforschung des tierischen Leuchtens so sehr verdienten amerikanischen Forschern Harvey und Dahlgren. Allerdings beschäftigten sich auch diese Arbeiten nur mit dem Leuchten der Medusen, während über das Leuchten der Polypenkolonien keine neue Beobachtungen vorliegen. Ich finde nur eine Angabe bei Harvey (199), dass das Licht einer Hydroide, einer Sertularia-Art, bei Erhöhung der Temperatur bei etwa 54° C verschwindet.

Die Untersuchungen über das Leuchten der Medusen sind an folgenden Arten ausgeführt: Harvey (210) fand folgende vier Arten leuchtend: *Aequorea forskalea, Mitrocoma cellularia, Phialidium gregarium* und *Stomatoca atra.* Als nicht leuchtend erwiesen sich dagegen *Sarsia rosaria, Melicerta sp.*? und die Scyphomeduse *Cyanea sp.*?. Dahlgren (77) machte seine Beobachtungen an der bekannten *Pelagia noctiluca.* Er teilt dann auch noch Beobachtungen von L. R. Cary mit, welcher eine Scyphomeduse in den Gewässern von Ost-Jamaika leuchten sah, eine *Charybdea*-Art. Dubois (125) beobachtete das Leuchten von *Hippopodius gleba* in der Bucht von Villefranche, die er als Ctenophore bezeichnet, die aber eine Siphonophore darstellt.

Bei *Pelagia noctiluca* leuchtete nach Dahlgren die äussere Oberfläche des Schirmes und der grösseren Arme und Tentakeln, und zwar leuchteten meist nur einzelne Flecken und Streifen von unregelmässiger Form. Nur bei kräftiger Reizung leuchtete die ganze Körperoberfläche (Abb. 10). Bei *Charybdea* ging das Leuchten nur von den vier Tentakeln aus, die an den Enden besonders stark leuchteten. Bei *Aequorea* und *Mitrocoma* entstehen nach Harvey (210) nur am Schirmrande, an der Basis der Tentakeln leuchtende Flecken, ebenso auch bei *Phialidium,* bei dem ausserdem aber noch ein schwaches Licht von Massen an den vier Radiärkanälen ausging, die wohl die Gonaden darstellten. *Melicerta* zeigte nur nach kräftiger Reizung ein schwaches Leuchten am Manubrium.

Die Farbe des Lichtes gibt Dubois (125) für die Medusen als zwischen blau und rot wechselnd an, für die Siphonophore *Hippopodius* als azurfarben. Dahlgren (77) nennt das Licht von *Pelagia noctiluca* grünlich, das der Siphonophore rot oder violett, und Harvey (210) bezeichnet das Licht der von ihm untersuchten Medusenformen als bläulich-grün (nicht so blau wie bei *Cypridina*). Das Licht des Leuchtgewebes von *Aequorea* und *Mitrocoma*, das nach Zusatz von Saponin entsteht, konnte Harvey auch spektroskopisch prüfen. Es ergab sich ein Lichtband von $\lambda = 0{,}46\ \mu$ bis $\lambda = 0{,}60\ \mu$; das Band von *Mitrocoma* war etwas schmäler als das von *Aequorea*.

Alle Medusen leuchten nur auf Reizung, und zwar sowohl mechanische, wie auch chemische oder elektrische Reizung. Bei nicht übermässig starker

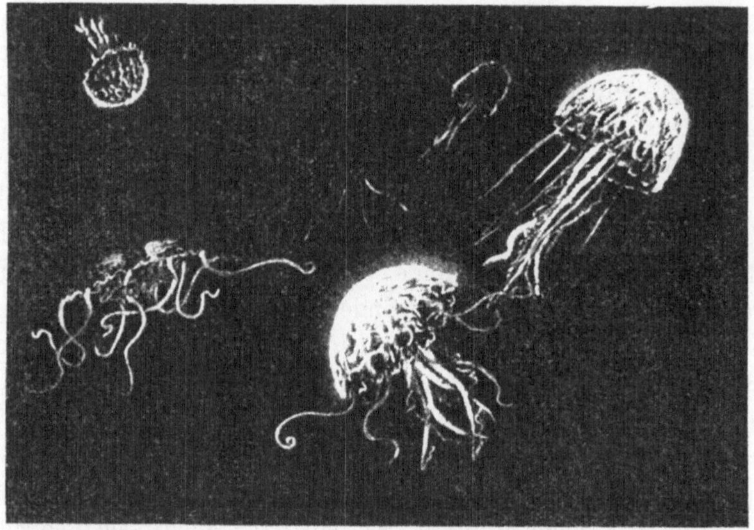

Abb. 10. Leuchtende Exemplare von *Pelagia noctiluca* im Neapeler Aquarium. (Einige Tiere sind gerade mit einem Glasstab gereizt worden.) (Nach Dahlgren 77.)

Reizung entspricht nach Dahlgren bei *Pelagia noctiluca* die Stärke der Lichtproduktion dem Grad der Reizung. Bei leichter Berührung mit dem Glasstab entsteht zunächst ein lokaler Lichtfleck auf dem Schirm, der sich langsam in Form von Linien und Streifen ausbreitet (Abb. 10). Bei stärkerer Berührung entsteht ein helleres Licht, das sich über die ganze Oberfläche ausbreitet und nach sehr heftiger Berührung leuchtet sofort die ganze Oberfläche des Tieres. Während Ctenophoren und verschiedene andere Meerestiere nach starker Sonnenbestrahlung oder überhaupt stärkerer Belichtung einige Zeit hinterher nicht imstande sind, zu leuchten, leuchteten die vier von Harvey untersuchten Medusenformen sofort, auch wenn sie im hellsten Sonnenschein gefangen worden waren und dann sofort ins Dunkelzimmer gebracht wurden.

Die Frage, welche naturgemäss sämtliche Autoren am meisten beschäftigte, war die nach der Ursache des Leuchtens, die Frage, in welchen

Gewebeteilen der Leuchtvorgang lokalisiert ist. Harvey (210) stellte an *Aequorea* mikroskopisch fest, dass an den Stellen am Schirmrande, welche nachts leuchteten, ovale Massen eines gelblichen Gewebes vorhanden waren. Ähnliche Massen finden sich auch bei *Mitrocoma,* wo sie jedoch viel dichter aneinander liegen, und stellenweise eine ununterbrochene Linie bildeten. Diese gelben Zellen färbten sich nicht intravital mit Neutralrot. Sie konnten bei *Phialidium* und *Stomatoca* nicht nachgewiesen werden. Nachts sah Harvey unter dem Mikroskop nach Zusatz von zytolytischen Reagenzien (Süsswasser, Saponin oder dergl.), dass das Licht von kleinen leuchtenden Zellen herkam, die in Grösse und Lichtintensität variieren.

Schon Panceri und viele andere hatten beobachtet, dass bei stärkerer

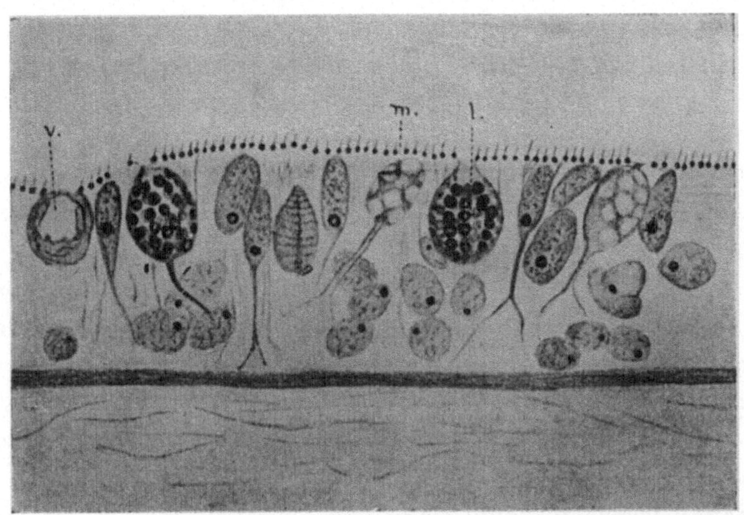

Abb. 11. Schnitt durch die Oberfläche der Exumbrella von *Pelagia noctiluca.* l Leuchtzellen, m Schleimzellen, v entleerte Drüsenzelle. (Nach Dahlgren 77.)

Berührung leuchtender Medusen ein leuchtender Schleim an den Fingern zurückbleibt; trotzdem nimmt jener aber an, dass der Leuchtvorgang intracellulär vor sich gehe; der leuchtende Schleim soll abgeriebene oberflächliche Epithelien enthalten.

Dubois (125) meint, dass es sich bei *Pelagia* und *Hippopodius* um einen Sekretionsvorgang handele, der in den Epidermiszellen lokalisiert sei. Durch Zerfliessen der Zellen könne aber eine echte epidermale Sekretion eines Leuchtschleimes entstehen. Für *Hippopodius* gibt Dubois ferner an, dass bei mechanischer Reizung das vorher durchsichtige Tier plötzlich undurchsichtig, milchig, trübe werde, während gleichzeitig das Licht entstünde. Mikroskopisch könne man feststellen, dass im Augenblick der Reizung das Zytoplasma der Epithelzellen durch Bildung zahlreicher Körnchen getrübt werde, ähnlich wie etwa in einer übersättigten Lösung durch Erschütterung Kristalle aufträten. Bei allen Coelenteraten sei der Sitz der Leuchtreaktion in gewissen Körnchen gelegen, die Dubois wieder als „Vakuoliden" bezeichnet.

Dahlgren (77) vertritt im Gegensatz zu Panceri die Annahme, dass der eigentliche Leuchtvorgang bei *Pelagia noctiluca* doch extracellulär verlaufe. Berührt man ein ruhendes Tier, so leuchten die Finger nicht, es ist also keine Leuchtsubstanz von den Zellen abgegeben. Er meint, dass die Lichterzeugung dadurch zustande komme, dass ein bestimmtes Sekret, das er als „Luciferin" bezeichnet, von den Zellen, in denen es aufgespeichert wird, mit dem freien Sauerstoff des Seewassers in Berührung komme. Die Entladung des Sekretes sei das Ergebnis einer Nerventätigkeit, die auf den Reiz folge. Der Impuls würde wahrscheinlich durch den subepithelialen Nervenplexus fortgeleitet. Dem eigentlichen Leuchtsekret soll Schleimsubstanz beigemengt werden, die aber von anderen Zellen stamme. Die Luciferinzellen könnten aber durch Differenzierung aus den Schleimzellen hervorgegangen sein. Dahlgren gibt auch eine histologische Zeichnung eines Schnittes durch das Epithel der Exumbrella (Abb. 11). Als Luciferin sieht er gewisse grössere Körner an, die in bestimmten Zellen in grösseren Mengen vorkommen. Diese Zellen bezeichnet er als Leuchtzellen, andere Zellen scheinen ihr Sekret nach aussen entleert zu haben.

Auch Harvey (210) hält die Annahme, dass bei den Medusen ein extracelluläres Leuchten vorhanden sei, für wahrscheinlicher, dafür spräche u. a. auch die Tatsache, dass viel Leuchtmaterial frei würde, das ein Leuchten des umgebenden Wassers hervorrufe, wenn man eine Meduse auf die Wasseroberfläche werfe. Allerdings könne diese Erscheinung auch durch mechanische Verletzung der Zellen gedeutet werden.

Harvey versuchte dann weiter, die Leuchtsubstanz zu isolieren, bzw. einen Leuchtextrakt herzustellen. Er konnte das Leuchtgewebe von *Aequorea, Mitrocoma* und *Phialidium* über $CaCl_2$ trocknen und erhielt so ein Trockenpulver, das nach Wiederanfeuchten leuchtete. Wenn er das Leuchtgewebe durch ein Käsetuch presste, konnte er einen leuchtenden Extrakt erzielen, der bis zu 9 Stunden leuchtete. Zusatz von zytolytischen Substanzen verstärkte das Leuchten des Extraktes. Im Extrakt seien wahrscheinlich unbeschädigte Leuchtzellen vorhanden, die durch den Zusatz der Reagenzien aufgelöst würden.

Versuche, in den Extrakten von *Aequorea* oder *Mitrocoma* Luciferin und Luciferase nachzuweisen, also eine wärmebeständige und eine wärmezerstörbare Substanz, die einzeln kein Licht geben, zusammengegossen aber Licht erzeugen, diese nachzuweisen gelang nicht. Auch Mischung der Extrakte von *Aequorea,* welche Luciferin enthalten sollten, mit solchen von *Mitrocoma,* welche Luciferase enthalten sollten, oder umgekehrt gaben kein Licht, auch nicht Mischung mit *Cypridina*-Luciferin, bzw. Luciferase, so dass wir über die chemischen Vorgänge beim Leuchten der Medusen noch keine Aufschlüsse erhalten haben.

Anthozoa (Octocorallia-Alcyonaria). In der Klasse der Anthozoen finden wir wohl nur unter den Oktokorallien leuchtende Formen, und auch hier fast ausschliesslich nur in der Familie der Pennatuliden. Zu dieser Familie gehören auch alle in den letzten Jahren untersuchten Formen. Herdmann (212) stellte Beobachtungen an *Pennatula phosphorea* L. und *Funiculina quadrangularis* Pall. an; Niedermeyer (343) an *Pteroides griseum* Bohadsch und (344) an *Veretillum cynomorium* Pall. Bujor (50) hatte ebenfalls eine *Veretillum*-Art untersucht. Parker (362 u. 363) analysierte das Verhalten von *Renilla amethystina* Verril, während Harvey (199) *Cavernularia Habereri* Moroff (nicht *haberi*, wie in der Arbeit versehentlich angegeben), eine japanische Pennatulide aus der Gegend von Misaki und in einer neuesten Arbeit (210) eine *Ptilosarcus* (Verril) = *Leioptilum* (Gray) aus dem Pouget-Sound bei Friday Harbor (Washington) zu seinen Untersuchungen verwendete.

Da in der Literatur in den einzelnen Arbeiten die verschiedenartigsten Ausdrücke für die einzelnen Bestandteile der Kolonien gebraucht werden, so will ich kurz einige Bemerkungen über die gebrauchte Terminologie vorausschicken, im Anschluss an die Pennatuliden-Monographien von Balss (13) und von Kükenthal und Broch (264). Beide Monographien enthalten eine gründliche systematische Zusammenstellung der bisher bekannten Formen, ohne aber auf das Leuchtvermögen und seine morphologischen Grundlagen näher einzugehen.

Den unteren Teil des Stammes der Kolonie, welcher meist im Schlamm steckt und die Kolonie befestigt, wird als „Stiel“ bezeichnet, der obere Teil dagegen, welcher die Polypen und die Zooide trägt, als „Rachis“ oder „Kiel“. Bisweilen sitzen die einzelnen Polypen an blattartig entwickelten Polypenträgern, die „Blätter“ oder „Fiederblätter“ genannt werden. Weiter unterscheidet man zwischen „Polypen“, die mit Tentakeln versehen sind, und „Zooiden“, die meist kleinere Individuen darstellen, die der Tentakel entbehren. Die Polypen werden auch als „Autozooide“ bezeichnet, und die Zooide als „Siphonozooide“. Zwischen beiden kommen gelegentlich Übergänge vor.

Die Verteilung des Leuchtgewebes innerhalb des Tieres weicht bei den verschiedenen Pennatuliden-Gattungen und -Arten erheblich voneinander ab. So beschreibt Herdmann (212), ähnlich wie es schon Panceri festgestellt hatte, dass es bei *Pennatula* ausschliesslich auf die Polypen beschränkt sei, welche ein länger andauerndes, allgemeines Licht aussenden, während es niemals gelang, auf dem Stammteil der Kolonie irgendwelches Leuchten hervorzurufen. Im Gegensatz hierzu war die Lichtverteilung bei *Funiculina* eine andere. Der polypentragende Teil der Kolonie leuchtete in einzelnen scharfen Lichtblitzen, aber der Stiel, der keine Polypen trägt, glühte in dauerndem, aber flackerndem Lichtschein auf. Die Intensität des Lichtes dieses Teiles war ausserordentlich gross, stärker als die des Lichtes der Polypen.

Bei *Pteroides griseum* sollen nach Niedermeyer (343) nur die Polypen und die Zooide leuchten, während andere Stellen des Körpers nicht leuchteten. Für *Cavernularia Habereri* gibt Harvey (199) an, dass die ganze äussere Oberfläche der Kolonie einen leuchtenden Schleim absondern könne, nicht aber die schwammige innere Substanz. Der polypenlose Stiel soll sogar besonders hell leuchten. Bei *Ptilosarcus* (Harvey 210) leuchteten die Polypen, und am Kiel waren noch zwei voneinander getrennte leuchtende Gebiete vorhanden, während die Oberfläche der Fiederblätter und der im Boden befindliche Stiel nicht leuchteten. Bei *Renilla* [Parker (362 u. 363)] war das Leuchten scharf auf den mit Zooiden bedeckten Teil der dorsalen Fläche der Rachis beschränkt, und zwar leuchteten weissliche Massen, welche die Zooiden und die Basen der Polypen umgeben.

Die Farbe des Lichtes der Pennatuliden ist nach Dahlgren (77) silberweiss bis lila oder violett, verschieden je nach den Arten. Für die nah verwandten abyssalen Gorgoniden gibt Dubois (125) an, dass die Farbe von Violett bis Purpur, Rot oder Orange wechsle und von bläulichen Tönen bis zu verschiedenen grünlichen Farbtönen. Nach Herdmann (212) soll der intensiv leuchtende Stiel von *Funiculina* eine fahlgrüne Farbe besitzen. Das Licht von *Ptilosarcus* [Harvey (210)] weist einen gelb-grünlichen Farbton auf, und das Licht von *Renilla* [Parker (363)] eine Verbindung von intensiv blauen und grünen Farbtönen, vergleichbar einem hell beleuchteten Opal.

Alle untersuchten Formen leuchten nicht im Ruhezustand, sondern nur auf Reizung hin. Vorherige Beleuchtung sowohl mit Sonnenlicht, wie auch mit künstlichen Lichtquellen, kann bei *Renilla* nach den Experimenten von Parker (362 u. 363) die Leuchtfähigkeit herabsetzen. Daher leuchtete eine *Renilla*, die man vom Tageslicht aus in ein Dunkelzimmer brachte, nicht, sondern nur des Nachts, und zwar von $8^1/_2$ Uhr abends bis zum Sonnenaufgang (im August). Wurden die Tiere nachts einige Zeit im Dunkelraum gehalten, so waren sie wieder imstande, auf Reizung hin zu leuchten. Diese Fähigkeit ging aber bei einstündigem Aufenthalt im Tageslicht verloren. Nachts konnte durch Belichtung mit einer starken elektrischen Glühlampe die Leuchtfähigkeit erheblich herabgesetzt werden, wenn sie auch nicht vollständig verloren ging.

Ähnliche Versuche von Harvey (210) an *Ptilosarcus* hatten ein anderes Ergebnis: Tiere, die aus dem hellsten Sonnenlicht in den Dunkelraum gebracht wurden, leuchteten auf Reizung ebenso hell wie in der Nacht.

Pteroides griseum [Niedermeyer (343)] leuchtete am Tage auf mechanische Reizung hin nicht, wohl dagegen nachts. Nur durch Durchleiten eines

Sauerstoffstromes konnte auch am Tage ein schwaches Leuchten erzielt werden, das aber nachts bei der gleichen Behandlung viel intensiver war.

Auch verschiedene andere Reize untersuchte Niedermeyer. Ausser der mechanischen Reizung regte auch elektrische Reizung mit dem Induktionsapparat zu lebhaftem Leuchten an, und zwar in umgekehrtem Abstand zum Rollenabstand. Erwärmung auf 35° C brachte die Tiere zu mässig hellem Aufleuchten; stärker wirkten chemische Reize. Nach Übergiessen mit Sublimat trat ein vier Minuten langes ruhiges Dauerleuchten ein, nach Behandlung mit 4%igem Formaldehyd ein 12 Minuten langes.

Harvey (199) konnte ebenfalls sowohl durch mechanische, wie auch durch elektrische oder chemische (Zusatz von Ammonium) Reizung Absonderung des Leuchtschleimes erzielen. Wurden herausgeschnittene Polypen von *Cavernularia* zwischen nicht polarisierbare Elektroden eines galvanischen Stromkreises gebracht, so trat bei Stromschluss ein Lichtblitz auf und eine Reihe von Lichtblitzen während des Stromdurchganges, die bei Öffnung des Stromes aufhörten; beim Öffnen entsteht kein Lichtblitz. Bei Reizung der ganzen Kolonie trat bei schwachen Strömen eine lokale Lichterzeugung auf, bei stärkeren ging eine Lichtwelle über die Kolonie vom Reizpunkt aus. Durch immer wieder unterbrochene Induktionsströme folgte eine Reihe von Lichtwellen einer anderen (aber unabhängig von der Zahl der Reize). Die Temperatur konnte auf 0° C erniedrigt werden, ohne dass die Leuchtfähigkeit auf Reizung verloren ging; bei langsamer Erwärmung fangen die Kolonien bei etwa 40° C spontan an zu leuchten; bei 52° C verschwand das Licht vollständig, um auch nach dem Abkühlen nicht wieder zu erscheinen.

Die Leuchtreaktion auf Reize wurde besonders eingehend durch Parker (363) an *Renilla* untersucht. Nachts leuchteten die Tiere sowohl nach mechanischer, wie auch nach elektrischer Reizung. Mechanisch wurde durch Stechen mit einer feinen Nadel oder durch Zwicken gereizt, elektrisch mit dem faradischen Strom. Vom Reizort ging dann eine Reihe von konzentrischen Lichtwellen aus. Durch Anästhetika (Magnesiumsulfat) konnte das Leuchtvermögen aufgehoben werden. Wurde ein Teil der Rachis mit Magnesiumsulfatkrystallen bedeckt, so konnte nach 4—5 Minuten in diesem Teil kein Licht mehr erzeugt werden. Auch Leuchtwellen, die aus den nicht behandelten Teilen kamen, hörten an der Grenze auf. Durch Einbringen in frisches Seewasser wurde die Leuchtfähigkeit wieder hergestellt.

Wir hörten bereits, dass sich die Leuchtwellen vom Reizort aus über die Kolonie ausbreiten. Um die Art und den Verlauf dieser Ausbreitung festzustellen, machte Parker die verschiedenartigsten Einschnitte in die Rachis, jedoch so, dass stets Verbindungsbrücken zwischen den einzelnen Teilen bestehen blieben. Es zeigte sich dann, dass die Ausbreitung des Leuchtens dadurch nicht gehindert war, dass vielmehr die Leuchtwellen um die Einschnitte herumgingen, durch die schmalen Verbindungsbrücken hindurch. Auch wenn eine Kolonie der Länge nach durch die Hauptachse zerschnitten war, so dass die beiden Hälften nur im distalen Teil des Stieles in Zusammenhang blieben, und die eine Hälfte gereizt wurde, so trat naturgemäss ein Lichtblitz an dieser gereizten Stelle auf; wenn dieser aber bereits nachgelassen hatte, folgte auch noch ein Aufblitzen auf der anderen Hälfte. Die Erregungswellen gehen also auch über den selbst nicht leuchtenden Stiel. Wenn man das distale Ende des Stieles mechanisch reizt, so tritt ebenfalls ein Aufleuchten der Rachis ein; der Stiel muss also sowohl Reize fortleiten, wie auch Reize neu entstehen lassen können.

Da die Fortpflanzungsgeschwindigkeit der Leuchtwellen ziemlich langsam ist, gelang es auch, sie zu messen. Photographische Massmethoden versagten allerdings wegen der geringen Lichtintensität. Wenn Parker 10 cm lange Streifen leuchtenden Gewebes herausschnitt, so konnte er mit einer Stoppuhr die Fortpflanzungsgeschwindigkeit der Leuchtwellen messen, die durch vorsichtige Reizung des einen Endes mit einem Metallstab erzeugt wurden. Er fand, dass die Wellen durchschnittlich 7,39 cm in der Sekunde zurücklegten. Panceri (M. 448) hatte bei *Pennatula* 5 cm/sec. festgestellt. Die Geschwindigkeit der Leuchtwellen ist eine 60—65 mal grössere, als Parker sie für die peristaltischen Bewegungen der Rachis und des Stieles von *Renilla* messen konnte. Es wird daher der Übertragungsvorgang ein ganz anderer sein, wofür auch die Beobachtung spricht, dass die rachidialen und die Leuchtwellen gelegentlich im selben Untersuchungsstreifen auftreten und sich einander ohne Interferenzerscheinungen überholen können. Beide Wellenarten müssen daher voneinander unabhängig sein.

Die Temperatur hatte einen wesentlichen Einfluss auf die Fortpflanzungsgeschwindigkeit der Leuchtwellen: mit steigender Temperatur nimmt die Fortpflanzungsgeschwindigkeit zu. In zwei verschiedenen Versuchsreihen erhielt er u. a. folgende Werte:

Bei	11° C :	4 cm
	15° C :	6,5 cm
	20° C :	8,3 cm
	25° C :	12,2 cm
	31° C :	20,7 cm

Im allgemeinen kann man sagen, dass bei einer Erhöhung der Temperatur um 10° sich die Fortpflanzungsgeschwindigkeit ungefähr verdoppelt (aber nur zwischen etwa 10 und 25—30° C).

Auf Grund der gesamten Ergebnisse glaubt Parker annehmen zu dürfen, dass die Fortleitung der Leuchtwellen (ebenso wie die des Zurückziehens der Zooide und die der allgemeinen Kontraktion) durch das diffuse Nervennetz geschähe. Die bekannte Fortpflanzungsgeschwindigkeit im Nervennetz der Seeanemone (12—14 cm in der Sekunde) ist nicht wesentlich von der bei

Renilla gefundenen Zahl verschieden. Je nach der Grösse des Reizes im gleichen Nervensystem entsteht entweder nur eine Leuchtwelle, auch ein Zurückziehen der Polypen oder gar eine allgemeine Kontraktion. Im Gegensatz hierzu soll die peristaltische Bewegung myogenen Ursprungs sein.

Wie beim Leuchten der Medusen, so ist auch bei den Pennatuliden die Frage nach der Histologie der Leuchtgewebe und nach der Entstehung des Leuchtvorganges von besonderem Interesse und von verschiedenen Untersuchern in erster Linie in Angriff genommen; diese Untersuchungen haben im wesentlichen zu ähnlichen Ergebnissen wie bei den Medusen geführt.

Während Panceri (M. 448 u. 456) für *Pennatula* angegeben hatte, dass das Leuchtgewebe in 8 Strängen enthalten sei, die von den Mundpapillen ausgehen und an der Aussenwand des Magens verlaufen, betrachtete Parker (362 u. 363), wie wir bereits hörten, bei *Renilla* Anhäufungen weisslicher Substanz, welche die Zooide und die Basis der Polypen umgeben, als das eigentliche Leuchtgewebe. Dieses hell gefärbte Material soll zwei verschiedene Substanzen enthalten: eine weisse kalkige und eine leicht gelbgefärbte krystallinische Substanz. Der mittlere Teil in einer Gruppe von Zooiden besteht aus kalkiger Substanz, der periphere dagegen aus der hellgelben, welche aber beide eng miteinander verbunden sind, so dass man sie experimentell nicht trennen kann. Nur am äussersten Ende der Rachis liegen die beiden Substanzen in scharf abgegrenzten Lappen und an ihnen liess sich nachweisen, dass das Licht mit der weissen und nicht mit der gelben in Verbindung steht. Diese weisse Substanz soll also die eigentliche Leuchtsubstanz enthalten. Weitere Untersuchungen über die chemische Zusammensetzung und den Aufbau dieser Substanzen wurden leider nicht angestellt. Es mag hier noch daran erinnert werden, dass bei den Medusen Harvey gerade gelbe Substanzen als das Leuchtgewebe ansprach.

Niedermeyer (343) konnte bei *Pteroides griseum* anatomisch keine besonderen Leuchtorgane nachweisen und vertritt daher die Annahme, dass das Leuchten von den zahlreich vorhandenen Hautdrüsen herrühre. Diese „Leuchtdrüsen" sollen bei der Färbung mit Methylenblau hell auf blauem Grunde bleiben. Da er keinen leuchtenden Schleim, der sich von den Kolonien trennen liess, auffinden konnte, hält er die Annahme intracellulärer Lumineszenz für wahrscheinlicher.

Bujor (50) fand in den Zellen von *Veretillum* zahlreiche grössere und kleinere Kügelchen, die er als die Ursache des Leuchtvermögens ansieht. Diese Kügelchen sollen aus fettartigen Substanzen bestehen und ein der Zymase verwandtes Enzym, die Luciferase (entsprechend *Pholas*) enthalten.

Niedermeyer (344) meint, dass es sich bei diesen von Bujor beschriebenen Gebilden wohl um Drüsenzellen gehandelt habe, wie sie im Ektoderm der Tentakel und des Mauerblattes, aber auch im kolonialen Ektoderm häufig vorkommen. In den Zellen seien Körnchen enthalten, die man als Sekretkörnchen, welche die eigentliche Ursache des Leuchtens darstellten, deuten könne. Darum habe es sich auch wohl bei von Panceri als Fett- und Eiweisskörnchen beschriebenen Substanzen gehandelt. Ebenso wie bei *Pteroides* nehmen auch hier die als Leuchtdrüsen angesprochenen Zellen keine spezifische Färbung an.

Dubois (125) sieht in jenen Körnchen wieder seine „Vakuoliden" und Buchner (45) glaubt die leuchtenden Zellen der Pennatuliden mit Mikroorganismen gefüllt aufgefunden zu haben. Die Tatsache, dass die ganze Physiologie des Leuchtens dieser Tiere dem Pyrosomenleuchten, also „Tieren mit unzweifelhafter Leuchtsymbiose" gleicht, besonders die Ausbreitung der Leuchtwellen über die Kolonie, spreche ebenfalls für die Annahme der Bakterien-Symbiose. Weitere Beweise und Untersuchungen liegen hierüber aber noch nicht vor.

Um die Erforschung des Pennatulidenleuchtens hat sich wieder in besonderer Weise Harvey (199 u. 210) verdient gemacht. Er stellte wieder einen leuchtenden filtrierten Extrakt aus den Tieren her, dessen Zusammensetzung und Reaktion er näher prüfte. Die meisten Versuche machte er mit *Cavernularia Habereri*. Den von den Tieren abgesonderten Schleim konnte er über $CaCl_2$ trocknen; nach dem Befeuchten mit Seewasser leuchtete er wieder. Durch Zerquetschen der Tiere und Filtrieren durch Filtrierpapier erhielt er einen noch längere Zeit leuchtenden Saft. Das Licht kommt von zahlreichen kleinen Leuchtpunkten, die kleinen Körnchen und Kügelchen entsprechen, die man mit dem Mikroskop nachweisen kann. Durch Zentrifugieren konnte er diese stärker leuchtende Substanz von einer viel schwächer leuchtenden, etwas trüben Flüssigkeit trennen. Nach Dialyse durch Pergamentpapier oder Filtration durch ein Pasteur-Chamberlain-Filter, konnte das erhaltene Filtrat nicht mehr zum Leuchten gebracht werden.

Das Leuchten des einfachen durch Filtrierpapier filtrierten *Cavernularia*-Saftes nahm nach Zusatz von Süsswasser erheblich an Stärke zu. Auch die stärksten Induktionswechselströme riefen keine Veränderung im Leuchten hervor, während die Tiere selbst erheblich dadurch gereizt wurden. Zum Leuchten des Saftes war Sauerstoff unbedingt notwendig. Lässt man einen Wasserstoffstrom durch den Saft hindurchgehen, so verschwindet das Licht, um aber nach Zusatz von Sauerstoff sofort wieder zu erscheinen. In hohen Röhren leuchtet der Saft nur an der Oberfläche, wenn er mit der Luft in Berührung steht; beim Schütteln oder Mischen mit Sauerstoff wird aber der ganze Inhalt leuchtend. Beim Leuchtvorgang muss es sich also um eine Oxydation handeln.

Eine Methylenblaulösung wurde auch in Abwesenheit von Sauerstoff entfärbt (reduziert), es sind also Reduktasen vorhanden. Wie in anderen Geweben konnte auch hier eine Katalase nachgewiesen werden. Doch haben diese Reaktionen wohl nichts mit der Lichtproduktion zu tun. Die verschiedenen Oxydasereaktionen unter Hinzufügung von H_2O_2 fielen mit ungekochtem *Cavernularia*-Saft stark positiv, mit gekochtem Saft dagegen nur schwach positiv aus. Es sind also Peroxydasen vorhanden, die jedoch auch in anderen nicht leuchtenden Geweben vorkommen.

Verschiedene Versuche, im Saft von *Cavernularia* Luciferin und Luciferase (=Photophelein und Photogenin) nachzuweisen, also jene eigentliche Leuchtsubstanz und das Ferment, das den Leuchtvorgang zustande kommen lässt, gelangen nicht. Auch Versuche an anderen Pennatuliden, *Pennatula spec.* und *Ptilosarcus* [Harvey (210)] hatten ebenfalls ein negatives Ergebnis. Auch „Kreuzung" zwischen *Cavernularia*-, *Pennatula*-, *Ptilosarcus*-„Luciferin" und *Aequorea*-, *Noctiluca*- und *Cypridina*-„Luciferase", bzw. umgekehrt, misslangen fast ausnahmslos. Nur eine Mischung von nicht leuchtenden *Cavernularia*-Saft, der Luciferase enthalten sollte (der also nur gestanden hatte bis das Licht verschwunden war) und *Cypridina*- oder Leuchtkäfer-Luciferin (das also durch Erwärmen seines Leuchtens beraubt war), entstand ein schwaches Leuchten. Die Ursache der ziemlich negativen Ergebnisse sucht Harvey in der Unbeständigkeit des Luciferins.

Saft, der durch Stehen kurze Zeit (bis zu zwei Tagen) seine Leuchtfähigkeit verloren hat, konnte durch Zusatz von Süsswasser oder anderer zytolytischen Substanzen (Saponin, Chloroform, Benzol, Thymol usw.) wieder zum Leuchten gebracht werden, wobei es sich um eine Schwellung und Auflösung der Körnchen zu handeln scheint. Oxydierende Substanzen Na_2O, $KMnO_4$ usw. veranlassten aber kein neues Aufleuchten.

Harvey untersuchte den *Cavernularia*-Saft auch mit verschiedenen chemischen Reagentien, wobei er sich aber darüber klar war, dass der Wert dieser Reaktionen für die Frage nach der Natur der Leuchtsubstanz nur sehr gering ist, da neben der Leuchtsubstanz in dem Saft noch viele andere Substanzen vorhanden sind. Die Leuchtsubstanz konnte zusammen mit den Eiweissstoffen durch verschiedene Salze (NaCl, $MgSO_4$, $(NH_4)_2SO_4$), Alkohol oder Aceton ausgefällt werden, wobei das Licht verschwindet. Wurde der dicke, durch die Salze, besonders durch Ammoniumsulfat erzeugte Niederschlag, unmittelbar nachdem das Licht verschwunden war, in frisches Wasser geschüttet, so trat Leuchten auf; hatte der Niederschlag aber schon einige Zeit gestanden, so blieb das Leuchten aus. Auch durch Alkaloid-Reagentien und verschiedene Säuren wurde ein unlöslicher Niederschlag erzeugt, der auch durch Wasser nicht zum Leuchten zu bringen war. Der Niederschlag der Leuchtsubstanz ist also für chemische Untersuchungen nicht beständig genug.

Durch verschiedene Anästhetika, wie Äther, Chloroform und Benzol, ferner durch verschiedene Alkohole konnte der Saft nicht anästhesiert werden. Das Licht verschwand zwar ziemlich schnell, konnte aber nach Zusatz von Wasser nicht wieder erzeugt werden und die Umkehrbarkeit des Vorganges gehört zum Begriff der Anästhesie. Cyankali übte keinen hindernden Einfluss auf die Lichtproduktion aus. Selbst nach Zusatz von m/40 CNK war noch nach 90 Minuten helles Licht vorhanden. In ähnlicher Weise wird auch bei Bakterien *Noctiluca, Cypridina* und Leuchtkäfern die Lichterzeugung durch Cyankali nicht beeinflusst.

Trotz dieser verschiedenartigsten und umfangreichen Versuche ist der Vorgang der Lichterzeugung bei den Anthozoen im Grunde leider noch nicht aufgeklärt. Alle Beobachter stimmen allerdings darin überein, dass kleine in den Zellen bzw. im Sekret oder Extrakt vorhandene Körnchen und Kügelchen als die eigentliche leuchtende Substanz angesprochen werden muss. Und diese Anschauung dürfen wir nach diesen verschiedenen Beobachtungen und Versuchen wohl auch als gesichert betrachten. Aber mit der Deutung der Beschaffenheit dieser Gebilde ist man sich nicht vollständig einig. Buchner vertritt namentlich aus Analogieschlüssen heraus die Annahme, dass es Leuchtbakterien seien, während fast alle anderen Autoren chemische Substanzen in ihnen sehen. Panceri und die älteren Autoren hielten sie für Fetttröpfchen, heute denkt man mehr an eiweissartige Substanzen, bei denen Fermente eine Rolle spielen sollen. Der Nachweis derartiger spezifischer Fermente gelang aber leider nicht, wie überhaupt die chemische Natur der Körnchen nach den vorliegenden Ergebnissen als noch nicht endgültig geklärt anzusehen ist.

Ctenophoren. Die neueren Arbeiten, die sich mit dem Leuchten der Ctenophoren befassen, berichten über das Leuchten keiner anderer Gattungen, als sie bereits von Mangold (280) in seiner Zusammenfassung aufgezählt sind. An *Beroe ovata* Bosc. wurden zahlreiche Beobachtungen und Untersuchungen angestellt, so von Dubois (125), Dahlgren (77), Buchner (45) und Harvey (210). Dubois verwendete ferner Exemplare der Gattung *Eucharis*, Dahlgren *Cestus Veneris* Lesueur und eine *Meniopsis*-Art; Buchner *Pleurobrachia pulmo* und Harvey noch eine *Bolina*-Art; eine von ihm untersuchte *Pleurobrachia*-Art erwies sich dagegen nicht als leuchtend.

Ebenso wie Peters (M. 470) stellte auch Dahlgren (77) im Gegensatz zu älteren Untersuchern fest, dass die Eier der Ctenophoren selbst nicht leuchtend sind, wohl aber gaben junge Furchungsstadien Lichtblitze. Buchner sucht die Erscheinung, dass die Eier selbst nicht leuchten, mit seiner Bakterien-Symbiose-Theorie durch die Annahme in Einklang zu bringen, dass die Symbionten zunächst nicht oberflächlich genug im Plasma lägen, um auf die Sauerstofferzeugung zu reagieren.

Eine sehr gute Abbildung von leuchtenden Ctenophoren (*Pleurobrachia pileus*) gibt Dahlgren (77) in einer Zeichnung nach dem Leben, die wir in Abb. 12 wiedergeben. Was die Lokalisation der Leuchtzellen anbelangt, so hatte man schon seit längerer Zeit festgestellt, dass das Leuchten längs der Reihen von Ruderplättchen auftritt, dass es aber wahrscheinlich nicht die

Ruderplättchen selbst sind, welche das Licht erzeugen, sondern vielmehr die mit ihnen zusammen verlaufenden Rippengefässe, da auch solche Gefässe leuchten, die nicht von Ruderplättchen begleitet sind, wie schon Panceri (M. 456 u. 457) festgestellt hatte. Dahlgren (77) gibt an, dass das Licht von einer Linie auf der Innenseite der Ruderplättchen komme, die er mit der Aussenwand des Gastrovaskularrohres identifizieren konnte. An der einen Seite dieser Aussenwand liegen die Ovarien, an der anderen die Hoden, zwischen denen sich die Zellen befinden, die Dahlgren als Leuchtzellen anspricht, die sich aber über Eier und Spermazellen ausbreiten und dort eine Art Deckschicht bilden können. Eier und Spermazellen selbst sollen nicht leuchten. Auf die feinere Histologie der Leuchtzellen kommen wir unten noch zurück.

Abb. 12. Leuchtende Ctenophoren (*Pleurobrachia pileus*). (Nach Dahlgren 77.)

Buchner (45) beschreibt von *Beroe ovata*, dass das Licht nicht als einheitlicher Streifen vom Hauptstamm der Rippengefässe komme, sondern von zwei flankierenden Linien ausgehe, welche intensiver gefärbten Zellen des Epithels an den Schmalseiten der Kanäle entspreche. Es scheint nach Gattungen verschieden zu sein, ob ein oder zwei derartige Geschwülste, die wahrscheinlich die Leuchtzellen enthalten, vorhanden sind.

Die Farbe des Ctenophorenlichtes beschreibt Harvey (210) als bläulich-grün.

Harvey (210) konnte an *Bolina* ebenso wie früher Peters (M. 470) an *Mnemiopsis* feststellen, dass vorherige Belichtung eine erhebliche Herabsetzung des Leuchtvermögens hervorruft. Wurden die Tiere vom Tageslicht ins Dunkle gebracht, so leuchteten sie erst nach 10 Minuten langem Aufenthalt im Dunkelraum, deutlich sogar erst nach halbstündigem Aufenthalt.

Um die Frage zu entscheiden, ob diese Erscheinung daher rühre, dass im Sonnenlicht keine neue Leuchtsubstanz gebildet werde, oder ob die etwa vorhandene Leuchtsubstanz einige Zeit nach der Belichtung nicht mehr oxydiert werden könne, stellte er einerseits aus Tieren, die dem Tageslicht ausgesetzt waren, einen Presssaft her, der auf Reizung hin, nach halbstündigem Aufenthalt im Dunklen nicht leuchtete, andererseits ergab ein Saft von Individuen, die vorher im Dunklen gewesen waren, ein helles Licht. Diese Versuche zeigen, dass in den dem Sonnenlicht ausgesetzt gewesenen Tieren keine Leuchtsubstanz vorhanden war und dass eine solche im Presssaft auch nicht neu gebildet werden konnte. Die Frage, wodurch bereits gebildete Leuchtsubstanz im Sonnenlicht zerstört wird, wurde noch nicht gelöst. Dahlgren (77) nimmt an, dass vorhandene Leuchtsubstanz im Sonnenlicht resorbiert oder in nicht leuchtende Substanz umgewandelt werde. Es sei auch möglich, dass das Sonnenlicht die Nerventätigkeit verhindere, welche den Gebrauch der Leuchtsubstanz einleite. Diese letztere Annahme erscheint aber nach Harveys Versuchen unwahrscheinlich.

Der Einfluss der Temperatur auf das Leuchten ist bereits von Peters (M. 470) eingehend untersucht. Dahlgren (77) fand, dass in wärmeren Gewässern das Leuchten der Ctenophoren auf mechanische Reizung ein stärkeres Glühen meist in Form eines Lichtblitzes darstelle, der 1—2 Sekunden dauerte, während in kalten Gewässern das Aufleuchten länger andauerte ($^1/_2$—1 Minute).

Mit der feineren Histologie der Leuchtzellen und der Ursache des Leuchtens befassen sich die Untersuchungen von Dubois, Dahlgren und Harvey. Dubois (125) gibt für *Beroe ovata* an, dass die Leuchtorgane durch „Scheiden von Plastiden" dargestellt würden, die sich während der Untersuchung gewöhnlich in Bläschen umbildeten, die mit gelben Körnchen angefüllt waren. Zerplatzten leuchtende Eucharisarten, so leuchtete das ganze Wasser in Tausend Sternchen auf, die von fein verteilten Teilchen aus den Zellen der *Eucharis* herrührten, die aber mit Leuchtbakterien nichts zu tun gehabt hätten. Ähnliche gelbe Körnchen erhielt Dubois durch Filtration leuchtenden Meerwassers, in welchem ebenfalls leuchtende *Eucharis* vorhanden gewesen waren.

Harvey (210) erwähnt, dass er entlang den Wassergefässen an lebenden Bolinen keine gelben Zellen nachweisen konnte.

Eine genauere Schilderung der Leuchtzellen gibt uns Dahlgren (77). Zwischen den erwähnten beiden Reihen der Keimepithelien ist das Epithel verdickt und besteht aus grossen vakuolarisierten Zellen, die drüsige Natur besitzen. Ausser diesen Zellen kämen höchstens noch granulierte Zellen an der Basis des Ovarialepithels als Leuchtzellen in Frage; diese könnten aber ausgeschlossen werden, da sie fettartige Natur besässen (Schwärzung durch Osmiumsäure), was für Zellen in den Ovarien anderer Tiere charakteristisch sei. Wenn auch heute bei der Mehrzahl der untersuchten Tiere sich die Leuchtsubstanz als eiweissartige Substanz erwiesen hat, so sind darum fettartige

Substanzen doch noch nicht ausgeschlossen, wenn auch in diesem Falle wohl die Annahme wahrscheinlicher ist, dass die vakuolarisierten Zellen die Leuchtzellen sind. Auch Bütschli (53) betrachtet diese hohen vakuoligen Zellen als die Leuchtorgane. Nach seiner Ansicht sollen auch die Gonaden Leuchtvermögen besitzen, das aber wahrscheinlich auf die die Keimzellen bisweilen überlagernden Leuchtzellen zurückzuführen ist. Abb. 13 stellt derartige „Leuchtzellen" dar. Sie zeichnen sich durch einen grossen Kern aus, wie man ihn sonst auch in Sekretzellen findet. Weiter sehen wir auf der entgegengesetzten Seite der Zelle zahlreiche Zelleinschlüsse, die Dahlgren als „Luciferin" deutet; ferner einen grösseren Körper, für den Dahlgren keine Deutung gibt. Die grossen Vakuolen sollen ausser anderen Flüssigkeiten flüssiges Luciferin ent-

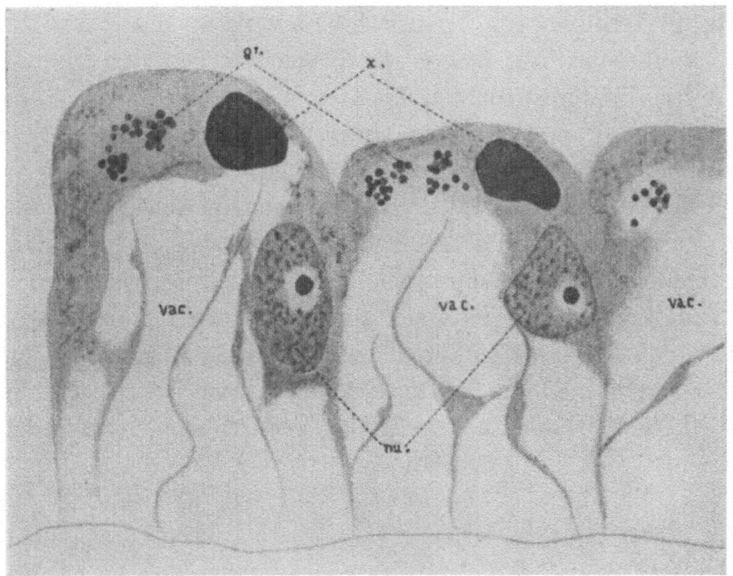

Abb. 13. Zwei Leuchtzellen von *Pleurobrachia pileus* bei starker Vergrösserung. Nu **Kerne,** Vac Vakuolen, gr Granula, x Zelleinschlüsse unbekannter Natur.

halten, das in sie hinein sezerniert und in ihnen aufgespeichert werde. Die Verbrennung der Leuchtsubstanz erfolgt wahrscheinlich intracellulär, da man niemals geöffnete und entleerte Zellen findet und auch kein Leuchtschleim an den Fingern haften bleibt. Höchstens könnte die Leuchtsubstanz in das Gastrovaskularsystem entleert werden.

Buchner (45) beobachtete, dass die sich stark färbenden Epithelzellen der Wand der Rippengefässe von *Beroe* von Haufen feinster kurzer Fäden ausgefüllt waren, die er als Leuchtbakterien ansieht. Sie besassen keine fettartige Beschaffenheit. Auch bei *Pleurobrachia* fand Buchner ähnliche Gebilde in den grossen vakuoligen Entodermzellen, wenn auch nicht in so dichten Massen. Die Beobachtungen von Dahlgren und Buchner stimmen zweifellos überein, nur in der Deutung gehen beide auseinander. Auch die ganze Physiologie des Ctenophorenleuchtens soll ebenso wie die der Pennatuliden einen Wahrscheinlichkeitsbeweis für die Leuchtbakterien-Symbiose-Theorie darstellen, da sich diese Tiere genau wie die Pyrosomen verhalten. Durch die wellenförmig sich ausbreitende Kontraktion wird die Flüssigkeit in den Rippengefässen erneuert und dadurch soll den angrenzenden Bakterien neuer Sauerstoff zugeführt werden. Auch die Antwort der Tiere auf Reizung und die Art der Ausbreitung des Leuchtens von der gereizten Stelle aus wird zum Vergleich herangezogen. Alle diese Erscheinungen würden aber, meiner Ansicht nach, ebensogut mit einer rein chemischen Theorie der Entstehung des Leuchtens im Einklang stehen. Die Tatsache, dass wir die Erscheinung, dass Belichtung das Leuchtvermögen herabsetzt, nicht bei Leuchtbakterien finden, erklärt Buchner durch eine spezifische Einwirkung des Wirtsstoffwechsels. Es sollen Stoffe entstehen, welche die Leuchtfähigkeit der Symbionten aufheben; für das Bakterienleuchten könnten wir also nicht die Annahme von Peters, Dahlgren und Harvey aufrecht erhalten, dass im Licht keine Leuchtsubstanz gebildet werde.

Harvey (210) versuchte, auch aus dem Leuchtgewebe von *Bolina* trockene Substanz und Extrakte, die zu leuchten vermögen, herzustellen. Wurde das Leuchtgewebe über $CaCl_2$ getrocknet, so erhielt er nach dem Wiederanfeuchten kein Licht. Dagegen erzielte er einen leuchtenden Extrakt, indem er Bolinen durch Käsetuch hindurch presste. Die Leuchtfähigkeit ging jedoch bald wieder verloren. Durch kräftiges Schütteln und zytolytische Substanzen entstand jedoch wieder von neuem Licht. Versuche, Luciferin und Luciferase nachzuweisen, hatten ebenso wie die früheren bei Medusen und Pennatuliden ein negatives Ergebnis. Auch *Bolina*- und *Cypridina*-Extrakt zusammen gaben kein Licht. Also auch hier ist die letzte Ursache des Leuchtens noch nicht endgültig geklärt.

Vermes.

Hierher die Literatur-Nummern: 53, 81, 87, 145, 157, 160, 161, 207, 232, 262, 272, 278, 279, 305, 324, 328, 385, 415, 426, 452, 453, 456, 472.

Schon Mangold (280) hatte darauf hingewiesen, dass in dem grossen Stamm der Würmer lediglich bei der Ordnung der chätopoden Anneliden sichere Angaben über Lichterzeugung vorliegen. Dahlgren (81) meint jedoch, dass wir nicht berechtigt seien, die Ansicht, dass auch *Sagitta*-Arten zu leuchten vermöchten, als abgetan anzusehen, bevor nicht eingehende Untersuchungen das Gegenteil erwiesen hätten. Wenn die Sagitten auch im Gegensatz zu den meisten übrigen Würmern statt des einschichtigen Epithels ein geschichtetes Epithel besitzen, so sei damit noch nicht die Möglichkeit einer Lichtproduktion ausgeschlossen. Auch das Rotator *Synchaeta baltica* müsse noch einmal genau untersucht werden.

Alle neueren Arbeiten über Würmer befassen sich ausschliesslich mit den beiden chätopoden Annelidenordnungen, den Polychäten und den Oligochäten. Über die letzteren sind wieder die Angaben sehr gering und ungenau, während über die Polychäten verschiedene neue gründliche Untersuchungen und Beobachtungen, sowohl über die Biologie, als auch über die Histologie der Leuchtorgane vorliegen.

Polychäten. Unter den frei lebenden Polychäten ist besonders *Odontosyllis* von neuem untersucht worden. Galloway und Welch (160 u. 161) teilen eingehende Beobachtungen über die Biologie, besonders die Paarung von *Odontosyllis enopla* Verril von den Bermudainseln mit und über die Bedeutung des Leuchtens hierbei. Daneben untersuchten sie aber auch die Anatomie und Histologie dieser Tiere näher. Die histologischen Grundlagen der Lichterzeugung der gleichen Tiere hat später Dahlgren (81) einer Nachprüfung unterzogen. Lund (278 u. 279) teilt ebenfalls Beobachtungen an einer Syllide mit, es war wahrscheinlich *Odontosyllis pachydonta* Verril. Potts (385) beobachtete *Odontosyllis phosphorea* Moore (328). Nachdem Kutschera (M. 321) und Falger (M. 195) die Aphroditiden *Acholoe astericola* Clap. eingehend untersucht hatten, teilt Dahlgren (81) noch ergänzende histologische Untersuchungen an einer weiteren Art der gleichen Familie mit, nämlich an *Lepidonatus squamata* (=*L. clava* Johnston oder *Polynoe squamata* Grube). Über die noch fraglichen Grundlagen des Leuchtvermögens von *Tomopteris* äussern Dahlgren (81) und Bütschli (53) ihre Anschauungen. Unter den Röhrenwürmern (Sedentarien) ist *Chaetopterus variopedatus* Clap. besonders eingehend untersucht worden; es liegen über ihn aus den letzten Jahren nicht weniger als vier verschiedene gründliche Untersuchungen vor: Enders (145), Trojan (452, 453, 456), Dahlgren (81) und Krekel (262). Dahlgren (81) untersuchte ferner noch die Histologie von *Polycirrus aurantiacus* Grube; über die Biologie von Cirratuliden teilt Lund (278) einige Beobachtungen mit.

Für *Odontosyllis enopla* geben Galloway und Welch (161) an, dass besonders die hinteren drei Viertel des Tieres leuchteten, obwohl alle Segmente bis zu einem gewissen Grade zu leuchten vermöchten. Bei *Polycirrus aurantiacus* soll nach Dahlgren (81) das Licht besonders an den Enden der langen, zahlreichen Tentakel auftreten, die in zwei grossen Bündeln den Kopf umgeben. Auch die proximalen Teile der Tentakel leuchten, wenn auch weniger stark, und bei sehr starker Reizung vermag sogar der grösste Teil des Körpers kurze Zeit zu leuchten. Der Ort des Leuchtens von *Chaetopterus variopedatus* war im wesentlichen bereits von Panceri richtig geschildert worden; wenn er auch verschiedene einzelne Leuchtstellen nicht besonders erwähnt und aufzählt, so hat er sie doch schon in seiner Figur mit angedeutet. Enders (145) gibt eine genaue Beschreibung des eigenartigen Tieres mit seinen vielgestaltigen Anhängen, ohne aber auf das Leuchtvermögen des erwachsenen Tieres einzugehen. Derartige Angaben finden wir in ausführlicher Weise bei Trojan

(452 u. 453), und auch Krekel (262) beschreibt das Tier und die einzelnen Leuchtorgane genau, wenn die Verfasserin auch nicht an lebendem Material arbeitete. Bei *Chaetopterus* kann man, abgesehen vom Kopf, noch drei Körper regionen unterscheiden: Vorder-, Mittel- und Hinterleib. Die Grenzen zwischen den einzelnen Abschnitten und die Zählung der Segmente wird von den verschiedenen Autoren etwas verschieden angegeben; so rechnen z. B. Trojan und Krekel das Segment mit den flügelförmigen Anhängen zum Vorderleib (10., 11. oder 12. Segment), während Enders (145) und Dahlgren (81) es als das erste Mittelleibsegment autfassen. Hierüber herrschte schon bei den früheren Autoren eine verschiedene Auffassung. Der Vorderleib besteht aus 10 Segmenten, die mit 10 Paar Körperanhängen versehen sind, welche teilweise Borsten tragen. Diese dorsal stehenden Parapodien bezeichnet man auch als „Notopodien"; ausserdem gibt es noch an einzelnen Segmenten ventrale Parapodien, die „Neuropodien" genannt werden. Sie sind aber erheblich kleiner. Am 10. Vorderleibsegment (= 1. Mittelleibsegment anderer Autoren) sind die Notopodien ausserordentlich stark entwickelt und zu langen flügelförmigen Anhängen geworden. Am nächsten Segment (1. Mittelleibsegment) sind die Notopodien zu einem unpaaren napfartigen Gebilde verschmolzen, das Panceri als „Tuberculum" bezeichnete. Dieses napfartige Gebilde soll nach den älteren Autoren einen Saugnapf darstellen und zum Festhalten in der Röhre dienen, was Enders (145) bestreitet. Da er in dem Hohlraum Diatomeen und Algen fand, und eine Verbindung mit dem Darm feststellen zu können glaubte, bezeichnet er diesen napfartigen Anhang als „akzessorisches Ernährungsorgan". Diese Ansicht über die Funktion dieses Gebildes ist aber von den nachfolgenden Autoren im allgemeinen nicht angenommen worden. Bei den nächsten Mittelleibsegmenten finden wir statt der Notopodien je einen kreisrunden, kragenartigen Lappen. Die zahlreichen Hinterleibsegmente haben meist grössere Notopodien und zwei kleinere geteilte Neuropodien. Nach Trojan (452 u. 453) leuchtet hauptsächlich eine Linie entlang der Fühler, die Oberseite der grossen flügelförmigen Notopodien des letzten Vorderleibsegmentes; am Mittelleib der Rand des Wulstes am napfartigen Dorsalanhang und etwas schwächer die Ränder der drei scheibenförmigen Notopodien und schliesslich sämtliche Notopodien des Hinterleibs, und zwar an diesen elliptische Flecken an der Hinterseite der Basis und etwas schwächer der distale Teil der Notopodien. Die Mehrzahl dieser leuchtenden Stellen sind bereits bei Tageslicht und makroskopischer Betrachtung als weisse Flecken deutlich zu erkennen. Das Leuchten soll einem Leuchtsekret anhaften, das sich im Wasser wolkenartig ausbreitet oder an Gegenständen, mit denen der Wurm in Berührung kommt, haften bleibt. Dieses Leuchtsekret ist aus mikroskopisch kleinen leuchtenden Pünktchen zusammengesetzt.

Auch gewisse leuchtende Cirratuliden sollen nach Lund (278) in Zwischenräumen grünlich-gelbes, hell leuchtendes Sekret ins Wasser absondern.

Galloway und Welch (161) beschreiben, dass die leuchtenden *Odontosyllis*-Weibchen von einem leuchtenden Hof umgeben gewesen seien, der nach der Peripherie immer schwächer wurde. Die Verfasser meinen, dass dieser Hof durch abgegebene Eier und die sie begleitenden Körperflüssigkeiten hervorgerufen werde, eine Annahme, die wenig Wahrscheinlichkeit besitzt. Galloway und Welch sehen aber andererseits gewisse Epitheldrüsen als Leuchtdrüsen an, deren Funktion vielleicht in enger Beziehung zur Ovulation stünde. Während bei allen diesen Formen also ein leuchtender Schleim abgegeben zu werden scheint, konnten Kutschera (M. 321) und Falger (M. 195) bei *Acholoe* nichts Derartiges feststellen.

In der Art des Leuchtens sollen zwischen Männchen und Weibchen bei *Odontosyllis* Unterschiede vorhanden sein [Galloway und Welch (161)]: die Weibchen zeigen mehr ein starkes Dauerleuchten, die Männchen meist kürzere intermittierende Lichtblitze.

Wir hörten bereits, dass die gleichen Verfasser die Ansicht äusserten, dass die Eier von *Odontosyllis* leuchtend seien, die Eier sollen auch noch eine Zeitlang nach der Ablage leuchtend bleiben. Die ganzen Beobachtungen deuten mehr darauf hin, dass das Leuchten durch anhaftendes Leuchtsekret hervorgerufen ist. Auch Dahlgren (81) kann sich nicht der Annahme Galloways anschliessen. Trojan (452) meint, dass bei *Chaetopterus* die Eier bei der Entleerung durch Umhüllung mit Leuchtsekret leuchtend würden; denn die Geschlechtsprodukte werden durch die Nephridien entleert, deren Endteile zu Leuchtdrüsen umgestaltet sind. Trojan sucht diese Annahme auch für die Erklärung des Leuchtens der Eier anderer Tiere zu verallgemeinern, was aber sicher nur in sehr begrenztem Masse gerechtfertigt ist, da von zahlreichen Tierarten Eier bekannt sind, bei denen das Leuchten sicher innerhalb des Protoplasmas oder der Dottersubstanz des Eies gelegen ist.

Enders (145), der die Entwicklung von *Chaetopterus* eingehend untersuchte, konnte feststellen, dass das Leuchten bereits in einem Trochophora-artigen Larvenstadium vorhanden ist, das gerade beginnt, sich in den Wurm umzubilden; und zwar war das Leuchten besonders in der Nachbarschaft des Wimperringes lokalisiert. Auch hier soll das Leuchten mit einem vom Tier ins Wasser entleerten Schleim im Zusammenhang stehen. Bei älteren Larvenstadien war das Leuchten noch deutlicher, sowohl in der Umgebung des Wimperkranzes wie auch im vorderen Abschnitt. Dieses Leuchten trat erst nach Reizung der Tiere auf.

Die Intensität des Lichtes von *Chaetopterus* soll nach Trojan (452) so gross sein, dass man im verdunkelten Raum Personen neben sich oder auch das Zifferblatt einer Uhr erkennen kann; sogar beim Brennen einer Kerze oder bei schwachem Tageslicht konnte das Leuchten noch wahrgenommen werden.

Die Farbe des Lichtes war azurblau; bei brennender Kerze erschien es dagegen grünlich; also ähnlicherweise, wie wir schon bei *Noctiluca* durch simultanen Farbenkontrast eine Änderung in dem Aussehen des Lichtes fanden. Dahlgren (81) bezeichnet das Licht des *Chaetopterus* als grünlichblau. Bei Erschöpfung des Tieres und bei nur schwacher Reizung waren die Lichtblitze dagegen bleichlilafarben. Bei *Polycirrus* war das Licht violettblau.

Die Polychäten scheinen, wie fast alle Tiere, nur auf Reizung hin zu leuchten; doch zeigt *Odontosyllis* zur Paarungszeit auch ein spontanes Leuchten, das aber nur zu dieser Zeit auftritt. Die verschiedenartigsten Reizarten konnten *Chaetopterus* [Trojan (452)] zum Leuchten bringen: mechanische Reize, Erhöhung der Temperatur, Süsswasser, Formol, Sublimat und schwache elektrische Ströme. Auch Potts (385) beobachtete, dass *Odontosyllis phosphorea* bei Fixierung mit Sublimatlösungen oder mit Alkohol intensiv leuchtete.

Lund (278 u. 279) erwähnt, dass Cirratuliden und *Odontosyllis* auf das Aufleuchten anderer Tiere sofort mit einem Lichtblitz antworteten und in gleicher Weise auch auf Beleuchtung mit künstlichen Lichtquellen. Auch hier schwammen die Tiere sofort auf die Reizquelle hin und wurden dabei hellleuchtend.

Besonders eingehend ist in den letzten Jahren die Histologie der Leuchtorgane verschiedener Polychäten untersucht worden. Es scheint sich bei allen Formen um einzellige Epitheldrüsen zu handeln, die einen meist körnigen Inhalt besitzen. Sie liegen entweder zerstreut zwischen gewöhnlichen Epithelzellen oder aber dicht gedrängt in Haufen oder sogar zu besonderen Leuchtorganen vereinigt. Wir wollen die an den einzelnen Gattungen gemachten Untersuchungen zunächst gesondert betrachten und beginnen mit der am besten untersuchten Form: *Chaetopterus variopedatus* Clap., deren Leuchtdrüsen von Trojan (452), Dahlgren (81) und Krekel (262) in allen Einzelheiten histologisch untersucht wurden. Die Arbeit von Trojan ist dabei für uns von besonderem Werte, da er seine Untersuchungen ausser an fixiertem Material auch an lebenden Tieren und an frischem Material ausgeführt hat und er daher nicht nur auf Analogieschlüsse angewiesen war. Ich will versuchen, einen Überblick nach dem jetzigen Stand unserer Kenntnisse nach den Darstellungen dieser drei Autoren zu geben.

Man kann zwei Hauptgruppen von Hautdrüsen im Epithel von *Chaetopterus* unterscheiden (Abb. 14): Drüsenzellen, die sich mit Eosin rot färben, und Drüsenzellen, welche sich mit Hämatoxylin blau färben, und meist auch mit den Schleimfarbstoffen, wie Thionin, Muchämatein und Mucicarmin. Diese letzteren sind also echte Schleimzellen, während die eosinophilen wahrscheinlich Eiweissdrüsen darstellen. Innerhalb dieser beiden grossen Drüsengruppen kann man nun aber weitere Drüsenarten nach Form und Inhalt der Drüsen unterscheiden. Unter den eosinophilen Drüsenzellen glaubt Krekel drei verschiedene Arten voneinander abgrenzen zu können: 1. ziemlich kurze, krug- oder birnenförmige Drüsenzellen, die nur in der oberen Hälfte bis Drittel des Epithels liegen, mit abgeplattetem Kern, der meist im basalen Teil der Zelle liegt; der Inhalt dieser Zellen besteht entweder aus zahlreichen, feinen Körnchen oder aus homogenen Sekretballen (Abb. 14). 2. Ähnlich gebaute Zellen, von kurzer bauchiger Gestalt, die stark lichtbrechende grössere Körnchen enthalten. Sie sollen unabhängig von den feinkörnigen, bzw. homogenen Zellen auftreten. 3. Zellen, die den gleichen Inhalt wie die vorigen besitzen, aber bedeutend länger sind und meist die ganze Dicke des Epithels durchsetzen. Alle diese eosinophilen Zellen haben am distalen Ende einen Exkretionsporus, durch den das Sekret zwischen den Stützzellen der Epidermis nach aussen entleert wird. Sie stehen entweder einzeln zerstreut oder in kleinen Gruppen und Haufen zwischen den Stützzellen des Epithels. Diese von Krekel und Trojan beschriebenen Drüsenzellen scheinen mir nach den Abbildungen und Beschreibungen auch die von Dahlgren als 3. und 4. Drüsenzellart beschriebenen zu sein, die er als „Leuchtzellen" bezeichnet: kleine ovale, sowie lange durch das ganze Epithel hindurch gehende Drüsenzellen, welche dicht von Körnchen angefüllt sind, die sich intensiv mit Eisenhämatoxylin färben. Färbung mit Eosin scheint Dahlgren nicht angewandt zu haben, wenigstens fehlen Angaben hierüber. Doch färben sich bekanntlich gerade die eosinophilen Eiweisssekretgranula, besonders in den Speicheldrüsen intensiv mit Eisenhämatoxylin, während Mucingranula durch Eisenhämatoxylin nicht gefärbt wird. Auch der Form nach entsprechen die Drüsen einander.

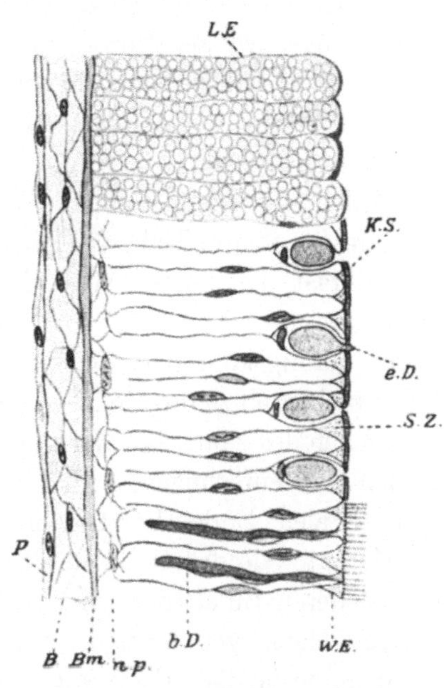

Abb. 14. Leuchtepithel und angrenzendes Körperepithel von *Chaetopterus variopedatus* (Napf des 1. Mittelleibssegmentes). LE Leuchtepithel, KS Kutikularsaum, eD eosinophile Drüsenzelle, sz Stützzelle, WE Wimperepithel, bD Hämatoxylin-Drüsenzellen, np Nervenplexus, Bm Basalmembran, B Bindegewebe, P Peritonealepithel. (Nach Krekel 262.)

Auch unter den sich mit Hämatoxylin blau-blauviolett färbenden Drüsenzellen kann man drei Arten unterscheiden: 1. hohe zylindrische bis prismatische Zellen, die die ganze Dicke der Epidermis einnehmen und an deren äusserem Ende sich ein Exkretionsporus befindet; sie enthalten grosse kugelige, dicht aneinander liegende Körner, die sich intensiv mit Hämatoxylin, Thionin oder anderen Schleimfarbstoffen färben; ein Zellkern konnte nirgends mit Sicherheit nachgewiesen werden; nur in derartigen Zellen in dem basalen

Leuchtorgan der Hinterleibsnotopodien fand sich meist eine unregelmässig geformte Scholle, die bei Hämatoxylinfärbung rotviolett gefärbt war. Krekel glaubt, dass diese Gebilde nicht als degenerierte Kerne, sondern als Zusammenballungen von Sekret aufzufassen seien. Diese hohen, zylindrischen, grobgranulierten, mit Hämatoxylin blau sich färbenden Zellen stehen in dichten Massen beisammen, meist ohne dazwischen geschaltete Stütz- oder Wimperzellen und bilden ausschliesslich das Epithel der weissen Flecke, der Leuchtorgane an den flügelförmigen Notopodien, des napfartigen Anhangs des 1. Mittelleibsegmentes und der basalen Leuchtorgane der Hinterleibsnotopodien (Abb. 14).

Die 2. Sorte von Hämatoxylindrüsen besitzt genau den gleichen Inhalt wie die eben beschriebenen, unterscheidet sich von ihnen nur durch die Form. Die Zellen sind mehr dickbäuchig, mit einem dünnen Hals, entweder kürzer oder nur im oberen Teil des Epithels liegend, oder etwas länger, mehr spindelförmig, fast die ganze Dicke der Epidermis durchsetzend. Die Entleerung der Sekretgranula geschieht wieder durch einen Exkretionsporus am distalen Ende. Häufig lässt sich auch ein Kern im Innern der Zelle nachweisen. Die Zellen stehen einzeln oder in Gruppen von zwei, drei oder mehr zwischen den Stützzellen des Epithels. Wir finden derartige Zellen besonders in den Fühlern, in den kragenförmigen Anhängen der letzten Mittelleibssegmente und in dem distalen Ende der Hinterleibsnotopodien. Statt dieser beiden Arten von Hämatoxylindrüsen beschreibt Dahlgren nur eine einzige Art von Schleimdrüsen, deren Inhalt aber nicht aus Mucinkörnern bestand, sondern aus einer einzigen Masse von fertigem aufgelöstem Schleim. Diese Abweichung kann durch andersartige Fixierung, Vorbehandlung und Färbung (Eisenhämatoxylin) erklärt werden.

Schliesslich gibt es noch eine dritte Art von Schleimzellen, die sich mit Hämatoxylin intensiv färben, aber einen etwas mehr bläulichen Farbton besitzen, meist schmale, spindelförmige, vereinzelt stehende Zellen (Abb. 14). Dahlgren spricht die Möglichkeit aus, dass es zusammengefallene Schleimzellen seien, die sich entleert hätten.

Ausser den beiden grossen Gruppen der eosinophilen und Hämatoxylindrüsen gibt es schliesslich noch eine weitere Sorte von Drüsenzellen in der Epidermis von *Chaetopterus*, deren Inhalt sich durch eine längsfädige Struktur auszeichnet und eosinophile Beschaffenheit besitzt. Sie finden sich vor allem in der Epidermis der Hinterleibssegmente. Trojan (452 u. 453) hält sie für Spinndrüsen, die die Substanzen für den Aufbau der Röhre absondern. Sie brauchen uns daher hier nicht näher zu beschäftigen.

Über die Bedeutung der verschiedenen eben beschriebenen Drüsenzellarten sind die Auffassungen teilweise noch geteilt. Es ist schon sehr schwierig, zu unterscheiden, ob vielleicht verschiedene der Drüsenarten in näherer Beziehung zueinander stehen, d. h. ob es sich vielleicht bei ihnen teilweise nur um verschiedene Entwicklungsstadien, um verschiedene Sekretionsstadien der gleichen Drüsenart handelt. Zunächst scheint es, dass sich die beiden grossen Gruppen der eosinophilen und der Hämatoxylindrüsen doch reinlich voneinander scheiden lassen, indem die ersteren Eiweissdrüsen, die letzteren dagegen Schleim-(Mucin-)Drüsen darstellen. Aber auch das erscheint nach den Untersuchungen von Heidenhain nicht vollständig gesichert (Plasma und Zelle I, Jena 1907, S. 361ff.), welcher fand, dass Vorstufen des Mucins in Hautschleimdrüsen der Tritonen sich nicht mit den typischen basischen Schleimfarbstoffen färbten, sondern mit sauren Farbstoffen und mit Eisenhämatoxylin.

Nicht unwahrscheinlich ist es dagegen, dass die verschiedenen Formen der eosinophilen Drüsenzellen in genetischem Zusammenhang zueinander stehen. So erwähnt Dahlgren, dass er eine ganze Variationsreihe aufstellen konnte von ganz grossen Exkretkörnern bis zu sehr kleinen Körnchen, ja bis zu einer homogenen Sekretmasse (Krekel). Dahlgren neigt aber zu der Annahme, dass auch verschieden grosse Körnchen fertig ausgebildetes Sekret darstellen. Dass Dahlgren die dritte Art der Hämatoxylindrüsen als entleerte Schleimdrüsen auffasst, erwähnte ich bereits.

Es bleibt nun noch die Frage zu entscheiden: welche der beschriebenen Drüsenformen sind die eigentlichen Leuchtdrüsen? Leider hat keiner der Untersucher eine nahverwandte, nicht leuchtende Wurmart zum Vergleich herangezogen, um festzustellen, welche der genannten Drüsenzellen diesen Tieren fehlen, welche also ausschliesslich auf die leuchtenden Körperstellen von *Chaetopterus* beschränkt sind. Aus den Angaben von K. C. Schneider (415) geht hervor, dass sowohl bei den nicht leuchtenden Polychäten *Nereis diversicolor* und *Sigalion squamatum*, wie auch bei der Oligochäte *Eisenia* (*Lumbricus*) *rosea* schlanke oder plumpe ei- bis birnenförmige Schleimzellen mit typischer Mucingranula, welche die ganze Dicke des Epithels durchsetzen, sowie zwei Arten von Eiweissdrüsen vorkommen, während die als erste Art der Hämatoxylindrüsen beschriebenen Anhäufungen zu fehlen scheinen. Und diese Zellen sind es auch in der Tat, die Trojan auf Grund seiner Beobachtungen an lebendem und frischem Material in erster Linie als „Leuchtzellen“ bezeichnet. Da diese hohen prismatischen Hämatoxylinzellen ausschliesslich die besonders intensiv leuchtenden, weisslichen Flecke an den flügelförmigen Notopodien dem napfartigen Anhang und den Basen der Hinterleibsnotopodien zusammensetzen, so kann die Annahme wohl als ziemlich gesichert gelten, dass diese Drüsenzellen tatsächlich das Leuchtsekret erzeugen. Neben diesen hohen prismatischen Zellen hat man wohl auch noch die zweite Art, die mehr bauchigen Hämatoxylindrüsen als Leuchtzellen aufgefasst, die sich von den ersteren nur durch ihre Form unterscheiden, und diese Abweichung in der Form wird durch die verschiedenartige Lagerung verständlich, denn das eine Mal liegen die Zellen dicht gedrängt aneinander, das andere Mal zerstreut zwischen den Stützzellen des Epithels. Auch das Vorkommen dieser Drüsen in den Streifen an den Fühlern, den Rändern der kragenförmigen Anhänge der letzten Mittelleibssegmente und an den distalen Enden der Hinterleibsnotopodien, welche sich durch ein deutliches, wenn auch nicht so intensives Leuchtvermögen auszeichnen, und die vornehmlich aus derartigen Zellen bestehen, lässt die Annahme genügend begründet erscheinen, dass diese Zellen ebenfalls Leuchtdrüsenzellen darstellen. Die dritte Art der Hämatoxylindrüsen scheinen mir sowohl wegen ihrer etwas andersartigen Färbung, wie auch wegen ihrer zerstreuten Lagerung, auch in Zonen, die sich durch kein besonderes Leuchtvermögen auszeichnen, keine Leuchtzellen darzustellen, sondern höchstens gewisse Entwicklungsstadien gewöhnlicher Schleimzellen. Ob den eosinophilen Zellen bei der Leuchtsekretproduktion nicht doch auch eine gewisse Rolle zukommt, lässt sich heute noch nicht mit Sicherheit entscheiden. Es ist auf alle Fälle auffallend, dass an allen leuchtenden Stellen des Körpers, ausser an den grossen basalen Leuchtorganen der Hinterleibsnotopodien in der Umgebung der Leuchtzellen stets auch eosinophile Zellen auftreten.

Über die chemische Natur der Körner in den Leuchtzellen wissen wir nichts Sicheres. Sie besitzen eine starke Quellbarkeit. Auf Grund ihres färberischen Verhaltens (Färbung mit Schleimfarbstoffen) ist man geneigt, sie für Glukoproteide (Mucine oder dergl.) zu halten. Trojan (452) gibt an, dass sie im ungefärbten frischen Zustande eine schwach gelbliche Färbung besitzen und nach Zusatz von Äther ziemlich schnell verschwinden, aufgelöst und davongetragen werden; deshalb neigt er dazu, sie für Fettsubstanzen zu halten, was früher auch Panceri (M. 459) getan hatte, der bekanntlich eine ähnliche Annahme für die Leuchtsubstanz der meisten anderen leuchtenden Tiere machte. Das färberische Verhalten scheint mir mit dieser Annahme aber nicht ganz übereinzustimmen. In einer späteren Arbeit vertritt Trojan (456) die allgemeine Annahme, dass Aminosäuren und Purinbasen beim Leuchtvorgang eine Rolle spielen, zu deren Gunsten auch die Tatsache spräche, dass bei *Chaetopterus* die Leuchtdrüse der Hinterleibsnotopodien in dem Nephridialkanal gelagert sind. Harvey (207, S. 103) konnte bei *Chaetopterus* Luciferin und Luciferase nicht nachweisen.

Der Annahme, dass die beiden ersten Arten der Hämatoxylindrüsen die Leuchtdrüsen darstellen, schliesst sich auch Krekel an; im Gegensatz hierzu sieht Dahlgren in den Drüsenzellen, deren Granula sich intensiv mit Eisenhämatoxylin färbt, also in den eosinophilen Drüsenzellen die eigentlichen Leuchtdrüsen. Zu dieser Auffassung bestimmte ihn die Lagerung dieser Zellen im leuchtfähigen Gebiet und die Abwesenheit von anderen Zellen, die die gleiche Funktion versehen könnten. Ich erwähnte bereits, dass es sehr leicht möglich sei, dass durch andersartige Vorbehandlung eine Quellung und Auflösung der Mucingranula eingetreten ist, so dass er jene charakteristischen Leuchtzellen Trojans nicht mehr zu Gesicht bekommen hat.

Auf alle Fälle scheint mir die Annahme Trojans erheblich grössere Wahrscheinlichkeit zu besitzen.

Dahlgren geht in seinen hypothetischen Annahmen noch weiter und spricht die Vermutung aus, dass die Schleimzellen neben ihrer Funktion als Schleimreservoire, auch ein Enzym, die Luciferase hervorbrächten. Da das Vorhandensein eines derartigen Enzyms bei *Chaetopterus* bisher überhaupt noch nicht erwiesen ist, hat auch wohl eine derartige durch nichts begründete Lokalisierung dieses Stoffes innerhalb des Epithels wenig Sinn.

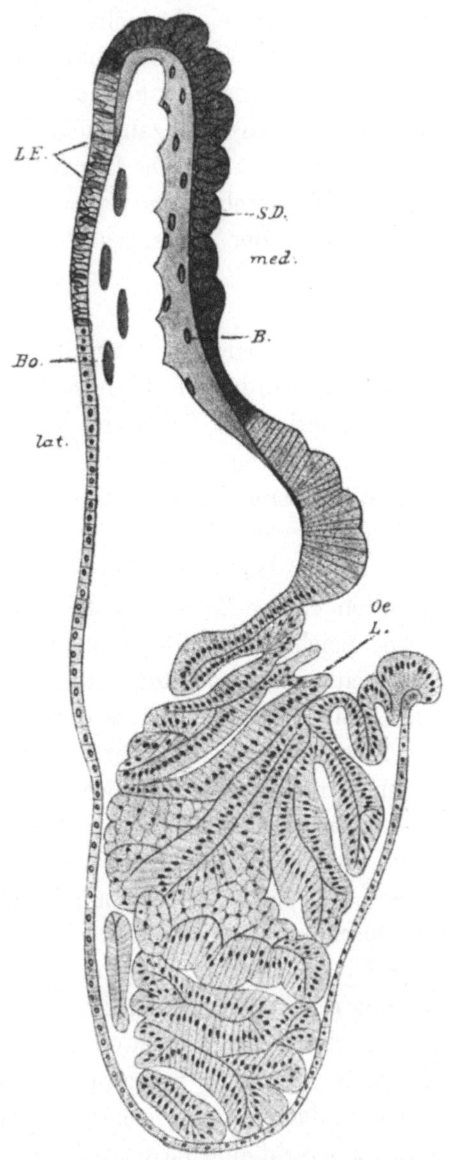

Abb. 15. Querschnitt durch den freien Teil eines Hinterleibs-Nosopodiums von *Chaetopterus variopedatus* (nach Krekel 262). LE Leuchtepithel der distalen Zone, Bo Borsten, SD Spinndrüsenzone, B Bindegewebe, L Leuchtorgan, Oe Öffnung des Leuchtorgans (Nephridium).

Nach der Art der Verteilung der verschiedenen Drüsenarten und der Leuchtzellen im besonderen können wir die Leuchtorgane von *Chaetopterus* mit Trojan in drei Gruppen einteilen:

„1. Die Fühler, die kragenförmigen Notopodialanhänge des Mittelleibs und die Spitze jener des Hinterleibs gehören insofern zusammen, als ihr Leuchten in einzelligen Drüsen seinen Sitz hat.

„2. Die Leuchtorgane des letzten grossen Notopodienpaares des Vorderleibes und des unpaaren, napfartigen Dorsalanhanges des Mittelleibes bilden eine zweite Kategorie, insofern es sich bei ihnen um mächtige, reine Leuchtepithelien mit spärlichen flimmertragenden Deckzellen handelt.

„3. Die Leuchtorgane der basalen Teile der Hinterleibsnotopodien stellen insofern eine eigene Gruppe vor, denn es handelt sich hier um grosse Akkumulationen von einzelligen Drüsen in den Flimmerepithelien .... der Endteile der Nephridialorgane des Wurmes, also um modifizierte Harnblasen.“

Auf diese Besonderheit der basalen Leuchtorgane der Hinterleibsnotopodien haben wir noch mit ein paar Worten einzugehen. Das Nephridium besteht aus einem Wimpertrichter und einem Rohr, an welches sich eine harnblasenartige Erweiterung anschliesst. Diese Erweiterung steht nun, wie Trojan und Krekel nachweisen konnten, in unmittelbarer Verbindung mit dem Leuchtorgan, das hier eine mächtig entwickelte sackförmige Drüse darstellt, die ausschliesslich aus zylindrischen Leuchtzellen bestehen. Die Wand der Drüsen ist in zahlreiche Falten gelegt, so dass fast kein Lumen mehr zu sehen ist (Abb. 15). Die Leuchtorgane sind also der distale Teil der Nephridien, welche durch einen feinen Schlitz an der Dorsalseite der Hinterleibsnotopodien in der Mitte des weissen Fleckes nach aussen sich öffnen.

Die histologischen Grundlagen des Leuchtvermögens von *Polycirrus aurantiacus* wurde von Dahlgren (81) näher untersucht. Er unterscheidet in dem Epithel der Tentakel, die den Hauptsitz des Leuchtvermögens darstellen, nicht weniger als acht verschiedene Sorten von Drüsenzellen, von denen aber wahrscheinlich einige nur verschiedene Wachstums- und Regenerationsstadien der gleichen Drüsenart darstellen. Ziemlich zahlreich sind Zellen vertreten, die eine grosse Masse netzartig gestalteter, gelb gefärbter Substanz enthalten. Diese Zellen verursachen die orangerote Farbe der Tentakel und sollen gleichzeitig Giftdrüsen darstellen, die den widerwärtig riechenden, bzw. schmeckenden Stoff hervorbringen, welcher diese Tiere auszeichnet. Dahlgren benutzte zur weiteren Unterscheidung der Drüsenarten wieder mit Eisenhämatoxylin gefärbte Schnittpräparate. Zwei Arten von Drüsenzellen enthalten grosse schwarzgefärbte Körner. Diese Zellen scheinen den eosinophilen Drüsenzellen von *Chaetopterus* zu entsprechen. Drei weitere Zellarten fasst Dahlgren als verschiedene Entwicklungsstadien der gleichen Zellart auf, der eigentlichen „Leuchtzellen“. Die älteren Stadien zeichnen sich durch mit Eisenhämatoxylin schwarzgefärbte Kappen aus, die aus Muskel- (oder Binde?-)Substanz bestehen und für die Entleerung der Drüse von Bedeutung sein sollen. Das Sekret ist homogen oder ganz feinkörnig. Die Zellen münden mit einem Exkretionsporus durch die Kutikula nach aussen; manchmal sieht man einen Sekretpfropf darin stecken. Zellen, die als jüngere Entwicklungsstadien der gleichen Drüsenart gedeutet werden, sind noch ganz schwarz gefärbt und liegen teilweise in den tieferen Schichten der Epidermis. Diese schwarzgekappten Zellen fasst Dahlgren als die Leuchtzellen auf, wenn auch der experimentelle Beweis noch dafür fehlt. Weiter finden sich noch ähnliche Zellen, welche mit Körnchen von mittlerer Grösse angefüllt und ebenfalls mit einem Exkretionsporus versehen sind; es sollen Schleimzellen im körnigen Zustand sein. Schliesslich sind noch abgeplattete Zellen nahe der Basalmembran vorhanden, die als Drüsenzellen innerer Sekretion gedeutet werden. Im grossen und ganzen finden wir also bei *Polycirrus* wieder ähnliche Zellarten, wie wir sie bei *Chaetopterus* kennen gelernt haben; und auch Dahlgren hält in diesem Falle nicht die „eosinophilen“ Drüsenzellen für die Leuchtdrüsen, sondern Drüsenarten, deren Sekret sich mit Eisenhämatoxylin gar nicht oder nur wenig färbt.

Von den Aphroditiden war erst 1909 *Acholoe astericola* von Kutschera (M. 321) genau histologisch untersucht worden; Dahlgren (81) hat nun eine weitere Form untersucht: *Lepidonotus squamata*, und fand einige interessante Abweichungen. Wie bei *Acholoe* finden sich auch bei *Lepidonatus* ausser den

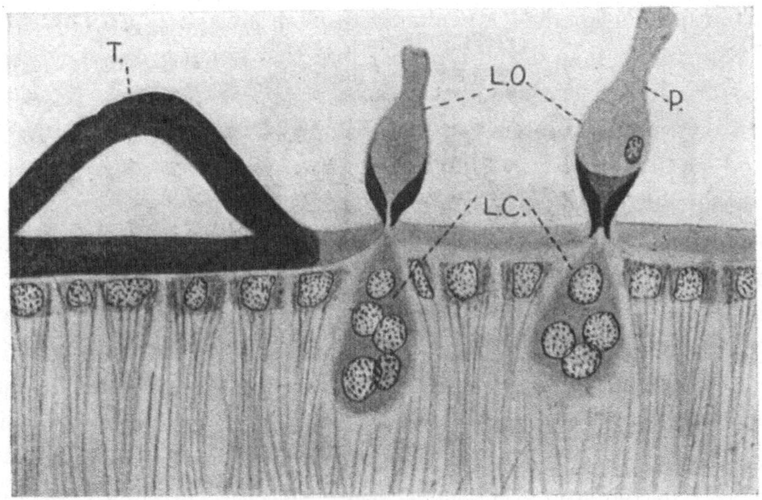

Abb. 16. Schnitt durch den hinteren Teil eines Elytrum von *Lepidonotus squamata* (nach Dahlgren 81). T. Zahn, L.O. Leuchtorgan, L.C. Leuchtzellen, P. Leuchtpapille mit Kanal und Sekret.

Leuchtorganen noch kleine „Zähnchen“ auf der Epidermis, die hier aber viel grösser sind und einen Hohlraum im Innern enthalten (Abb. 16). Die Leuchtdrüsen selbst sind ähnlich gebaut, wie bei *Acholoe.* Die „Leuchtzellen“ besitzen einen körnigen, dunkler gefärbten Inhalt, der als „Luciferin“ gedeutet wird. Im Gegensatz zu *Acholoe* sind die Kerne der Leuchtzellen grösser als die gewöhnlichen Hypodermiskerne. Das soll auf eine stärkere Sekretionstätigkeit hindeuten und ein stärkeres und längeres Leuchten vermuten lassen.

Die Histologie der Epidermis von *Odontosyllis* ist von Galloway und Welch (161) untersucht worden. In der Epidermis finden wir ausser den gewöhnlichen undifferenzierten Epithelzellen noch zwei Arten von Drüsenzellen: 1. grosse gewöhnliche Drüsenzellen, welche die Form eines abgeschnittenen Kegels haben, dessen grösseres Ende an der Aussenseite liegt. Das Zytoplasma hat an der Basis eine netzartige Struktur, während der distale Teil eine Streifung aufweist. Die Zellen haben einen grossen runden Kern. 2. Gewundene Drüsenzellen („twisted cells“); diese sind flaschenförmig gestaltet und öffnen sich durch einen Porus in der Kutikula nach aussen. Die Verfasser halten auf Grund der Verteilungs- und Entleerungsverhältnisse die zweite Art (nicht die erstere, wie Dahlgren (81) fälschlich angibt) von Drüsenzellen für die Leuchtzellen, obwohl sie keinen direkten Beweis dafür haben.

Demgegenüber meint Dahlgren (81), dass beide Zellarten nicht imstande sein könnten, in kurzer Zeit so viel Licht zu erzeugen, wie es nach der Beschreibung von Galloway zur Paarungszeit tatsächlich hervorgebracht wird. Er suchte daher nach einer anderen Drüse und glaubt sie als eine Modifikation der Drüse in den Parapodien, welche die Borsten erzeugen, gefunden zu haben. An der Drüse könne man durch Färbung und Bau einen grossen lichterzeugenden und einen borstenerzeugenden Lappen unterscheiden. Die Drüse besteht aus einem eiförmigen Haufen von etwa 35 Drüsenzellen. Unter den Drüsenzellen sind zwei oder drei verschiedene Arten zu unterscheiden: eosinophile und Hämatoxylinzellen. Auf die proximale Reihe der grossen ovalen Zellen, die sich mit Hämatoxylin hellblau färben und als die eigentlichen Leuchtzellen gedeutet werden, folgt distalwärts eine Schicht von groben runden Körnern, die sich fast gar nicht färben, sondern eine hellgelbe Eigenfarbe zeigen. Es sind wahrscheinlich nur Sekretreservoire der proximalen Zellen. Es folgt schliesslich noch eine dritte Reihe, die aus kleineren schmäleren Zellen besteht, welche einen feinkörnigen Inhalt besitzen und sich mit Delafields Hämatoxylin dunkelblau färben. Diese Drüsenzellen bezeichnet Dahlgren, wieder in rein hypothetischer Weise, als Enzymzellen oder Luciferinzellen, es könnten jedoch auch einfache Schleimdrüsen sein. Jede einzelne Drüsenzelle der proximalen und distalen Reihe hat einen gesonderten Ausführungsgang. Diese Ausführungsgänge münden auf dem muskelfreien Teil des Parapodiums und sind dort von einem Ringmuskelgewebe umgeben, durch den wahrscheinlich die Entleerung des Sekretes ausser zur Paarungszeit verhindert werde.

Der Bau und das Färbungsvermögen der erwähnten Drüsenzellen, welche mit dem anderer Leuchtorgane übereinstimmen, mache es sehr wahrscheinlich, dass wir in ihnen Leuchtorgane vor uns hätten; Dahlgren weist aber selbst darauf hin, dass diese Annahme noch eine reine Arbeitshypothese sei, die der Nachprüfung bedürfe. Da ähnliche Drüsen auch bei nicht leuchtenden Polychäten vorkommen, scheint mir übrigens diese Annahme nicht übermässig wahrscheinlich zu sein.

Zum Schluss wollen wir noch einige interessante biologische Beobachtungen über die Lebensweise und die Paarung dieser Tiere mitteilen, um im Anschluss daran noch die Frage der biologischen Bedeutung des

Leuchtens der Würmer einzugehen. Die wichtigsten Beobachtungen über das Schwärmen und die Paarung der leuchtenden *Odontosyllis enopla* stammen von Galloway und Welch (160 u. 161). Galloway beobachtete im Sommer 1904 das mehrmalige Auftreten von Schwärmen von *Odontosyllis* bei den Bermudainseln, das dreimal in Zwischenräumen von etwa 26 Tagen im Juli und August zur Beobachtung kam. Ausser dieser monatlichen Periodizität, die vielleicht mit dem Mondwechsel in Zusammenhang steht, war auch eine tägliche Periodizität vorhanden, da die Tiere täglich zu genau der gleichen Stunde erschienen. Da das erste Auftreten im Juli das stärkste war, vermutet Galloway, dass auch noch ein jährliches Maximum vorhanden sei.

Bei der Paarung schwimmen die Weibchen nahe der Wasseroberfläche; zuerst leuchten sie nur wenig, werden dann aber plötzlich stark leuchtend. Sie schwimmen jetzt ziemlich schnell in leuchtenden Kreisen von 5 und mehr Zentimeter Durchmesser im Wasser herum. Die Männchen zeigen zuerst nur einen schwachen Lichtschein, sie schwimmen nicht an der Oberfläche, sondern kommen unmittelbar aus der Tiefe schräg herauf. Sie stürzen sich sofort in die Mitte des leuchtenden Kreises und finden das Weibchen mit bewundernswerter Genauigkeit; jedoch nur, wenn dieses intensiv leuchtet, während sie sonst unsicher sind. Haben sich die Tiere dicht aneinander genähert, so rotieren sie miteinander in etwas grösseren Kreisen und geben Eier und Sperma ins Wasser ab. Nach der Paarung scheint von keinem Individuum mehr Licht erzeugt zu werden. Eine grosse Anzahl von Faktoren und Anpassungen treffen hier zusammen und schaffen so eine grosse Sicherheit der Paarung.

Ähnliche Beobachtungen konnte Lund (278 u. 279) an *Odontosyllis pachydonta* anstellen, und auch experimentell nachprüfen, dass die Tiere tatsächlich positiv phototaktisch sind und auch auf künstliche Lichtreize reagieren. Die gleichen Beobachtungen machte Lund an „gewissen Cirratuliden", die sich genau entsprechend *Odontosyllis enopla* verhielten.

Die biologische Bedeutung des Leuchtens für die Tiere selbst scheint in diesen Fällen offensichtlich zu sein; werden doch männliche und weibliche Tiere durch das Leuchten zur Paarungszeit zueinander geführt und dadurch die Befruchtung der Eier sichergestellt. Die Verschiedenheit im Leuchten der beiden Geschlechter scheint als Erkennungsmerkmal zu dienen. Durch Reizung mit künstlichen Lichtquellen konnte experimentell nachgewiesen werden, dass die Tiere tatsächlich durch Licht angelockt werden und auch ihrerseits mit Leuchten auf diesen Lichtreiz antworten. Auffallend ist ferner, dass die Augen des Männchens erheblich grösser als die des Weibchens sind, obwohl die Weibchen selbst bedeutend grösser als die Männchen sind. Alle diese Tatsachen stehen mit der Annahme sehr gut in Einklang, dass das Leuchten von *Odontosyllis enopla* zur Paarungszeit ein Hilfsmittel zur Auffindung der Geschlechter darstellt.

Und doch muss man mit der Beurteilung auch dieses so gesichert erscheinenden Falles ein wenig vorsichtig sein. Denn es gibt doch zu denken, dass ganz nah verwandte Formen von *Odontosyllis enopla* genau in der gleichen Weise schwärmen, dass sich bei ihnen Männchen und Weibchen genau so gut gegenseitig auffinden und befruchten, ohne das Hilfsmittel des Leuchtens. Besonders interessant in dieser Beziehung ist die Beobachtung von Potts (385), welcher im Juli und August 1911 im Hafen von Nanaimo (Britisch-Kolumbien) das Schwärmen von *Odontosyllis phosphorea* beobachtete, also einer Form, die ebenfalls Leuchtvermögen besitzt [vgl. Moore (328)]. Das Schwärmen und die Paarung verlaufen ganz ähnlich wie bei *O. enopla*, aber ohne Leuchten, noch vor Sonnenuntergang. Andere Arten der gleichen Gattung treten nicht einmal in Schwärmen auf und auch bei ihnen ist eine erfolgreiche Fortpflanzung gesichert. Das Leuchten ist wahrscheinlich zuerst nur als eine Begleiterscheinung aufgetreten und stand in keinem Zusammenhang mit der Paarung. Erst später ist dann das Leuchten neben anderen Mitteln als Erkennungszeichen bei der Paarung verwendet worden.

Bei den aphroditiden Polychäten sieht Dahlgren (81) den Nutzen des Leuchtens in einer anderen Anwendung. Es soll als Schutz für das Tier dienen. Wenn der Wurm z. B. von einer Krabbe angegriffen und in zwei Teile geteilt wird, so leuchtet der Hinterteil auf und windet sich stark, während der Vorderteil dunkel bleibt und einen Versteck aufsucht. Trotz ihres Leuchtens werden übrigens die Würmer von Fischen- und Krebsen sehr häufig gefressen.

Bei *Polycirrus aurantiacus* soll das Licht des Nachts als Warnungssignal dienen, wie es am Tage die orangerote Farbe tut, welche die Tentakel besitzen, die andererseits auch einen widerwärtigen Geruch, bzw. Geschmack aufweisen. Vielleicht werden von dem Röhreneingang aus leuchtende Wolken abgegeben, die die Angreifer irre führen und blenden. Trojan (452) spricht die Vermutung aus, dass Feinde infolge der grossen Zerbrechlichkeit des Wurmes nur ein Stück erwischen und dieses vielleicht sogar aus Furcht wieder loslassen würden, wenn es sich unter intensivem Leuchten hin- und herwindet.

Die Mehrzahl dieser Versuche, die biologische Bedeutung des Leuchtens der Würmer zu verstehen, ist ziemlich anthropomorphistisch und beruht grösstenteils auf Vermutungen.

Oligochäten. Über die Ursache des Leuchtens der Oligochäten sind auch heute noch nicht die Akten geschlossen. Dass es tatsächlich leuchtende Formen in dieser Tiergruppe gibt, steht wohl ausser Zweifel; ob dieses Leuchten jedoch ein wirkliches Selbstleuchten darstellt, oder ob es nicht vielmehr auf eine Infektion mit Leuchtbakterien oder auf mit der Nahrung aufgenommene Hyphen von leuchtenden Pilzen zurückgeführt werden muss, darüber sind die verschiedenen Untersucher sich noch nicht einig.

Issatschenko (232) fand *Henlea ventriculosa* leuchtend, Mc Dermott und Barber (305) *Microscolex phosphoreus* Duges, ebenso schreibt Friend (157) von der gleichen Art in Irland, wo noch eine verwandte Art *Allolobophora* vorkommen soll, über deren Leuchtvermögen er aber nichts Bestimmtes aussagt. Linsbauer (272), vgl. auch Molisch [(324, S. 91)] fand in den Gewächshäusern eine leuchtende Enchytraeide und Dubois (125) erwähnt eine grosse leuchtende Oligochäte, *Octochaetus multiporus* aus Neu-Seeland, und fand in seinem Garten eine Form, die wahrscheinlich aus Patagonien stamme: *Photodrilus phosphoreus* Giard oder *Microscolex modestus* Rosa.

Die Farbe des ausgesandten Lichtes wird sowohl von Mc Dermott und Barber (305), wie auch von Linsbauer (272) als lebhaft grünlich-gelb geschildert.

Fast alle Untersucher führen das Leuchten der Regenwürmer auf eine Absonderung eines leuchtenden Schleimes zurück, der auch der Erde und den Gegenständen anhaftet, über welche die Tiere hinwegkriechen [Mc Dermott (305), Linsbauer (272) und Dubois (125)]. Dieser Schleim soll nach Dubois der Sekretion der Hautdrüsen entstammen, während Linsbauer fand, dass bei Berührung des Hinterendes mit dem Pinsel ein stark leuchtender Sekrettropfen zum Vorschein kam. Dieses Sekret hatte ein leicht gelbliches, schwach opaleszierendes Aussehen und enthielt Zellen, die der Leibeshöhle entstammen sollen. Das Sekret leuchtet noch einige Zeit (Mc Dermott), konnte auf Filterpapier getrocknet werden und noch nach einem Tage durch blosses Anfeuchten zum Leuchten gebracht werden. Im ruhenden Zustand leuchteten die von Linsbauer untersuchten Enchytraeiden nicht, sondern nur nach mechanischer Reizung, Zerschneiden, Zerreiben mit Sand, oder wenn man die Tiere durch Chloroform, Äther und Alkohol (nicht aber durch Formol und Sublimat) zum Absterben brachte. Erwärmung auf 45—50° C brachte das Licht zum Erlöschen, während Kälte von — 13° C keinen nachteiligen Einfluss hatte. Linsbauer hält die Tiere für selbstleuchtend. Weder Dubois (125), noch Issatschenko (232) oder Linsbauer (272) konnten Bakterien in den Würmern, bzw. in deren Schleim nachweisen. Obwohl bisher noch kein einziger positiver Nachweis des Vorhandenseins von leuchtenden Bakterien oder Pilzen in den Regenwürmern vorliegt, glauben doch Issatschenko (232) und Dahlgren (81), dass Bakterien oder Pilze die Ursache des Leuchtens der Regenwürmer sind. Diese sollen leuchtende Pilze gefressen haben. Es scheint mir aber, dass wir nicht berechtigt sind, das Vorhandensein von selbstleuchtenden Oligochäten schon jetzt mit Sicherheit vollständig abzulehnen, bevor wir nicht mindestens in einigen Fällen einwandfrei nachweisen können, dass das Leuchten tatsächlich auf sekundäre Infektion mit Pilzen oder Bakterien zurückgeführt werden muss.

Bryozoen. Über das Leuchten der Bryozoen liegen keine neuen Untersuchungen vor. Dahlgren (87) berichtet nur kurz über die früheren Untersuchungen und meint, dass besonders diejenigen von Landsborough (M. 328) ziemlich oberflächlich seien. Trotzdem glaubt Dahlgren, dass wirkliches Eigenleuchten vorhanden sei, da das Licht nur auf Reizung hin erscheine, während auf den Kolonien lebende Bakterien und Diatomeen dauernd leuchten würden.

Enteropneusta. Dubois (125) gibt an, dass er in der Umgegend von Roscoff einen *Balanoglossus* gefunden habe, der nach dem Zerbrechen smaragdgrün aufleuchtete. Ebenso soll Diguet an der Küste von Kalifornien einen grossen leuchtenden *Balanoglossus* gefunden haben.

Nähere Angaben liegen jetzt über eine andere leuchtende Enteropneustenart vor, nämlich *Ptychodera bahamensis* Spengel, den W. Croisier an den Bermudainseln beobachtete und untersuchte. Croisier hat aber seine Beobachtungen noch nicht selbst veröffentlicht, doch teilen bereits Dahlgren (87) und Harvey (207) nähere Angaben darüber mit. Croisier beobachtete die Tiere im Aquarium. Sie sandten auf Reizung hin (Schlag an die Aquariumwand) ein schwaches grünlichweisses Licht aus, das in einem oder mehreren unregelmässigen Bändern auftrat. Die Tiere besitzen einen ausgesprochenen Tag-Nacht-Rhythmus, der sich sogar noch 8 Tage erhielt, wenn die Tiere vollständig im Dunkeln gehalten wurden. In der Periode, welche dem Tage entspräche, soll man die Tiere nur schwer durch Reizung zum Leuchten bringen können, was in der „Nacht-Periode" sehr leicht gelingt. Die Tiere sondern aus den Epitheldrüsen eine Leuchtsubstanz ab, die mit Schleim untermischt werde und eine zähe Schicht an der Hautoberfläche bilde, welche leicht abgestreift werden kann. Croisier konnte (vgl. Harvey [87], S. 103) auch Luciferin und Luciferase nachweisen.

Die Histologie des Epithels dieser Tiere hat Dahlgren (87) näher untersucht. Er fand ausser den gewöhnlichen Epithelzellen vier Arten von Drüsenzellen, einmal birnförmige Drüsen, deren Inhalt sich mit Eisenhämatoxylin gar nicht, mit Mucinfarben dagegen deutlich färbt und eine netzartige Struktur aufweist. Es handelt sich um Schleimzellen. Eine weitere Art von Drüsenzellen ist ähnlich gestaltet, ihr Sekret bildet eine runde, ovale oder birnförmige Masse in dem distalen Teil der Zelle, ist schwach gelblich gefärbt, färbt sich nicht mit Delafieldschen Hämatoxylin, aber tiefschwarz mit Eisenhämatoxylin. Der Zellinhalt ist meist homogen, doch erkennt man bisweilen auch grosse, dicht aneinander liegende, schwer voneinander zu unterscheidende Körner. Diese Zellen betrachtet Dahlgren als die eigentlichen Leuchtzellen (Abb. 17). Eine dritte Art von Zellen weist das gleiche Färbungsvermögen auf, enthält aber grosse Sekretkörner. Die Zellen sind über den ganzen Körper verbreitet und werden als frühe Entwicklungsstadien der Schleimzellen aufgefasst. Schliesslich sind noch tiefer liegende Sekretzellen mit einer grossen Vakuole vorhanden, deren Inhalt herausgelöst ist und aus Fett oder aus einer wässerigen Flüssigkeit bestanden haben mag. Wir können über ihre Funktion

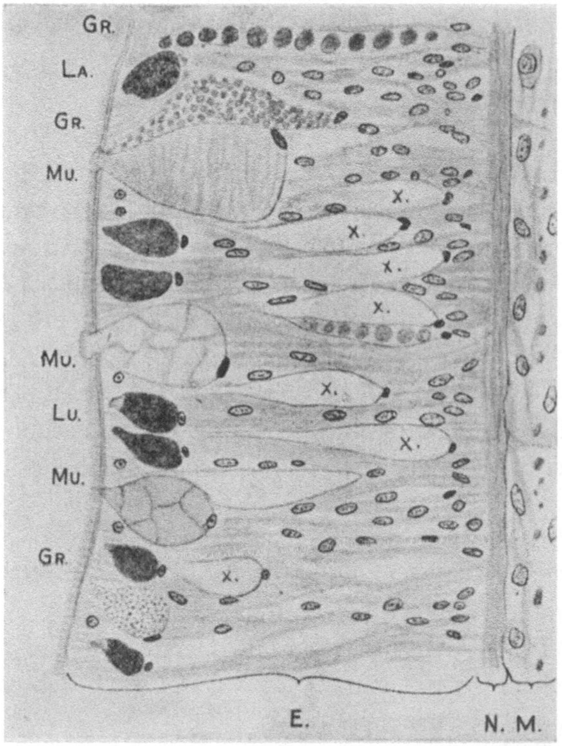

Abb. 17. Körperepithel von *Ptychadera bahamensis*. Gr Körnchenzellen mit verschiedenkörnigem Inhalt, Mu Schleimzellen, Lu Leuchtzellen, E eigentliches Epithel, N Nervenplexus im basalen Teil des Epithels, M Hautmuskelschicht, X Zellen unbekannter Funktion, deren Inhalt herausgelöst ist. (Nach Dahlgren 87.)

daher nichts Näheres aussagen. Auch K. C. Schneider (415, S. 676f.) beschreibt in der Haut von *Ptychodera clavata* zwei Arten von Drüsenzellen, Schleimdrüsen und Eiweissdrüsen. Auch hier müssen wir wohl ebenso wie bei der Deutung der einzelnen Elemente des Cölenteratenepithels sehr vorsichtig sein und können nur schwer behaupten, welche Zellen nun wirklich Leuchtzellen sind und in welchem genetischen Zusammenhang die einzelnen Drüsenarten zueinander stehen.

Echinodermen.

Hierher die Literatur-Nummern: 53, 78, 443, 450.

Unter den Echinodermen sind die Schlangensterne die einzigen Formen, bei denen ein wirkliches Selbstleuchten ganz sicher erwiesen und näher untersucht ist, während über die anderen Klassen der Echinodermen nur unsichere Angaben vorliegen. So hat über die Seeigel nur Döderlein (M. 127 u. 128) angegeben, dass er *Diadema setosum* Gray (jetzt *Centrechinus setosum* genannt) phosphoreszierend gesehen habe. Die Brüder Sarasin hatten an der Oberfläche des Tieres Reihen von hellblau schillernden Punkten und Flecken festgestellt, besonders an den Genitalplatten, die aus hexagonalen Prismen von lichtbrechender Substanz bestanden und in schwarze Pigmentbecherzellen eingelagert waren. Diese Gebilde hielten sie für Augen, während Ludwig und Hamann (M. 372) sie als Leuchtorgane deuteten. Dahlgren (78) hat zusammen mit A. G. Mayer und L. R. Cary die Biologie dieser Tiere untersucht. Wenn man die Tiere im hellen Tageslicht beobachtet und mit einer Hand das Tageslicht fernhält, so werden die Stacheln in der Richtung der Hand eingestellt; bei Bewegungen der Hand folgen die Stacheln. Die Tiere können also nach allen Richtungen sehen, und sogar die Richtung des Lichtes erkennen, eine Funktion, die nur ein gut ausgebildetes Auge vollbringen könne, und da die hellblauen Flecke die einzigen augenähnlichen Organe seien, so würde die Lichtperzeption auch wahrscheinlich ihre Funktion sein. Cary versuchte im Dunkelzimmer die Seeigel durch chemische oder durch mechanische Reizung zum Leuchten zu bringen. Sämtliche Versuche schlugen aber fehl. Daher glaubt Dahlgren, dass kein Selbstleuchten der Seeigel vorliege; die Beobachtung von Döderlein sei wohl durch Reflexion des letzten Tageslichtes im optischen Apparat der Augen zu erklären.

Bütschli (53) vertritt im Gegensatz hierzu noch die Auffassung, dass jene augenähnlichen Organe von *Diadema setosum* Leuchtorgane darstellen und nicht Photorezeptoren.

Asteriden. Nach den älteren Angaben von Asbjörnson (M. 15) soll die Gattung *Brisinga* leuchtend sein, während schon Ludwig (M. 370) darauf hinweist, dass Sicheres über das Leuchten nicht bekannt sei. Mangold (280) glaubte nun, dass es sich nicht um ein Selbstleuchten gehandelt habe, sondern nur um Reflexionserscheinungen.

Diese Frage hat nun Thust (443) von neuem in Angriff genommen und zwar an *Brisinga coronata* G. O. Sars. Er stellte jedoch nur anatomische und keine physiologischen Untersuchungen an und hat das Leuchten der Tiere selbst niemals beobachtet. Er untersuchte lediglich die Anatomie und Histologie der *Brisinga coronata* näher und versucht dann durch Analogieschluss Rückschlüsse auf das Leuchtvermögen zu machen. Vor allem untersuchte er die Histologie des Epithels und der in ihm enthaltenen Drüsengebilde, sowohl bei *Brisinga coronata,* wie auch vergleichsweise an zwei sicher nicht leuchtenden Asteriden, *Astropecten aurantiacus* und *Echinaster sepositus.* Thust fand an den Saugfüsschen von *Brisinga coronata* charakteristische Drüsenzellen, die eine langgestreckte Gestalt haben, am Ende eine kolbige Verdickung aufweisen, in der der Kern liegt, und die einen dünnen Ausführungsgang besitzen, welcher schliesslich die Kutikula durchbohrte und nach aussen ausmündete. Die Zellen waren dicht mit Körnchen angefüllt, die sich mit Eisenhämatoxylin intensiv färbten. Auf mit Thionin gefärbten Schnitten waren ebenfalls derartige Zellen zu sehen und sogar noch in grösserer Zahl, auch in den seitlichen Teilen. Ob es die gleichen Zellen gewesen sind, die sich mit beiden Farbstoffen färbten, scheint mir nicht ganz sicher zu sein. Es sollen Schleimdrüsen sein. In den Scheibenstacheln fand er im Epithelüberzug „helle mit einer Plasmafärbung, z. B. Orange-G leicht zu färbende Stellen, die auf Schleim hindeuten.“ Nun deutet aber Färbung mit Orange-G keineswegs auf Schleim hin, wie überhaupt in der Arbeit die Diagnose „Schleim“ manchmal gar zu leicht und zum Teil sogar mit Unrecht gemacht zu sein scheint. Ganz ähnliche Drüsenzellen, wie in den Saugfüsschen finden sich im Epithel der verschiedensten anderen Körperteile, nur dass ihre Form infolge einer geringeren Dicke des Epithels eine andere sein kann. So kommen derartige Drüsenzellen zahlreich im Epithel der Stacheln und Kalkrippen vor, etwas weniger zahlreich in der Dorsal- und in der Ventralhaut und schliesslich auch in den Radialnerven. Ähnliche Drüsenzellen fanden sich auch im Epithel der Pedizillarien und schliesslich sogar im Peritonealepithel.

Bei den beiden anderen zur Vergleichung herangezogenen Asteriden, *Astropecten* und *Echinaster* fand sich eine andere Form von Drüsenzellen, es waren einfache Reihen von Sekretkörnchen, die an einem länglichen, proximalwärts gelegenen Kern beginnen und distalwärts eine Anschwellung aufweisen. Dieses sollen einfache, typische Schleimzellen sein; sie wurden bei *Brisinga* nicht gefunden. Gerade die vordere, kolbige Anschwellung soll für diese typischen Schleimzellen charakteristisch sein. Aus diesen Ergebnissen an *Brisinga* zieht Thust folgenden Schluss: „Auf Grund des anatomischen Befundes dieser Zellen, ihres an manchen Stellen gehäuften Vorkommens, ihrer Lage und des Vergleiches mit entsprechenden Gebilden der erwähnten Seesternarten und der Kenntnis ähnlicher Organe bei den Ophiuriden, ähneln sie ganz und gar den Leuchtzellen bei den Schlangensternen und sind daher als Träger der Lumineszenz bei Seesternen aufzufassen.“ „Sicher“ sollen sämtliche Stacheln und Kalkquerrippen der Arme leuchten, weniger intensiv die ganze Ventral- und Dorsaloberfläche des Tieres, ferner die Füsschen, während die distalen Enden der Arme weniger Licht aussenden sollen, ebenso die Tastfüsschen, Fühler und Terminalplatten; schliesslich noch das radiale Nervenband.

Während es die Versuche von Trojan, Mangold, Sokolow und Reichensberger als ziemlich sicher ergeben hatten, dass bei den Ophiuriden das Leuchten intracellulär, bzw. intraglandulär, vor sich gehe, soll bei *Brisinga* manche Tatsache gegen diese Annahme sprechen, so besonders die vielen aufgefundenen leeren Drüsenzellen, sowie die prall bis zur Mündung gefüllten Ausführungsgänge, sowie der Nachweis von Sekretkörnchen ausserhalb der Zellen, so dass die Möglichkeit extracellulärer Lumineszenz sehr wohl vorhanden sei.

An diese Ergebnisse von Thust müssen wir einige kritische Bemerkungen anknüpfen. Wir dürfen nicht vergessen, dass das Leuchten von *Brisinga coronata* bisher noch niemals beobachtet ist, und dass auch die Angabe von Asbjörnson über *Brisinga endecacnemos* anders gedeutet werden kann. Sämtliche Schlüsse sind also reine Analogieschlüsse, nur auf Grund gewisser Ähnlichkeiten mit den Drüsen der leuchtenden Ophiuriden gezogen, deren Leuchtfunktion auch nur aus ihrem Vorkommen an den leuchtenden Stellen der betreffenden Tiere erschlossen ist. Nun umgekehrt aus dem Vorhandensein „ähnlicher" Zellen bei Tieren einer ganz anderen Tierklasse auf die gleiche Funktion zurückschliessen zu wollen, scheint mir etwas sehr gewagt; bei Tieren, bei denen diese Funktion, nämlich das Leuchtvermögen noch gar nicht sicher nachgewiesen ist. Ferner muss zu denken geben, dass die von Thust als „Leuchtdrüsenzellen" angesprochenen Drüsen in fast allen Teilen des Epithels vorkommen, sogar im Nerven und Peritonealepithel, und ferner, dass ausser diesen „Leuchtdrüsenzellen" keinerlei andere Hautdrüsen nach Thusts Untersuchungen vorhanden zu sein scheinen. Gerade diese Verbreitung der Drüsenzellen scheint mir mehr dafür zu sprechen, dass es sich nicht um Leuchtdrüsen, sondern um gewöhnliche Schleim- (und Eiweiss?)-Drüsen handelt. Dass die Drüsenzellen bei *Astropecten* und *Echinaster* eine andere Gestalt besitzen, ist nicht so merkwürdig und kein Gegenbeweis. Dass sich ferner häufig entleerte Drüsenzellen fanden und wahrscheinlich eine Entleerung des Sekretes nach aussen stattfindet, während die Leuchtdrüsen der Ophiuriden intracellulär leuchten sollen, spricht eher gegen als für die Annahme, dass die entsprechenden Gebilde bei *Brisinga* die gleiche Funktion haben. Kurz, meiner Ansicht nach, berechtigen uns die histologischen Ergebnisse von Thust keineswegs es als „sicher" zu behaupten, dass *Brisinga coronata* leuchtet, geschweige, dass gerade jene ganz bestimmten Körperstellen Licht aussenden. Der Gegenbeweis, dass nämlich *Brisinga* bestimmt nicht leuchtet, geht aus den Untersuchungen selbstverständlich ebensowenig hervor und so müssen wir die Frage nach dem Leuchten der Seesterne weiteren Untersuchungen überlassen, die sich mit der Beobachtung der lebenden Tiere und ihrer Physiologie näher beschäftigen.

Ophiuroiden. Während also auch anch den neueren Untersuchungen das Leuchtvermögen der Echinoiden und Asteroiden noch sehr zweifelhaft erscheint, lagen über das Leuchten der Schlangensterne, der Ophiuroiden, schon bereits bei Mangolds Darstellung (280) sehr gründliche physiologische und histologische Untersuchungen vor, an denen Mangold selbst beteiligt war, neben Reichensberger, Sterzinger, Sokolow und Trojan. Nur betreffs des Leuchtens von *Amphiura squamata* Dars waren Reichensberger, Mangold und Trojan auf der einen Seite den Anschauungen von Sterzinger auf der anderen Seite entgegengetreten. Auch histologisch war die Ursache des Leuchtens noch nicht einwandfrei geklärt. Daher hat Trojan (450) während eines Aufenthaltes an der Neapeler Zoologischen Station diese Form noch einmal von neuem untersucht, sowohl histologisch, wie auch physiologisch durch Beobachtung im lebenden Zustand. Betreffs der Lokalisation des Leuchtvermögens konnte Trojan im wesentlichen den Ergebnissen von Mangold beistimmen; doch waren die Grenzen der leuchtenden Bezirke meist nicht sehr scharf und nur schwer zu bestimmen. Die Scheibe, die Dorsalseite der Arme und die distalen Teile der Stacheln sollen sicher nicht leuchten, ebenso die Füsschen, denen Panceri und Sterzinger Leuchtvermögen zugeschrieben hatten. Es konnten nur die Basalplatten der Stacheln leuchten und vielleicht noch die proximalen Teile der Stacheln selbst. Die Zellen, welche Reichensberger (M. 501—503) als die vermutlichen Leuchtzellen ansprach, fanden sich ausser an den leuchtenden Stellen, auch an nicht leuchtenden Körperteilen. Ausser diesen Zellen konnte nun Trojan noch eine weitere Art von Zellen nachweisen, welche nach Form und Inhalt den typischen Leuchtzellen anderer Ophiuroiden sehr ähnlich sind und nur an leuchtenden Körperstellen vorkommen. Diese Zellen sollen sich sehr stark mit Thionin färben, haben einen birnförmigen Zellleib und einen Ausführungsgang, dessen Ausmündung an die Aussenwelt sich nur schwer verfolgen lässt. Doch wurde auch einmal ein Ausführungsporus nachgewiesen, in dessen Umgebung sich kleine Dornen befanden, die Tastorgane darstellen sollen. Durch diesen Ausführungsgang soll nicht der Leuchtstoff selbst, sondern nur das verbrauchte Leuchtsekret, also ein Exkret nach aussen entleert werden; der Leuchtvorgang selbst also intracellulär verlaufen. Es sei niemals gelungen von den lebenden, leuchtenden Tieren Leuchtsubstanz zu isolieren oder auch nur mikroskopisch ausserhalb der Zellen nachzuweisen.

Dahlgren (78) meint, es müsse noch geprüft werden, ob nicht das Luciferin vielleicht doch entleert, aber auch sofort aufgebraucht werde, so dass man keine Spur ausserhalb des Körpers nachweisen könne. Von allen bisherigen Untersuchern sei ferner die feinere zytologische Struktur der Leuchtzellen nicht genügend durchgearbeitet, insbesondere die Struktur der Kerne.
